Play with Succulent Plants

多肉就要这样玩

摩天文传 编著

江苏凤凰科学技术出版社

图书在版编目（CIP）数据

多肉就要这样玩 / 摩天文传编著. -- 南京 : 江苏凤凰科学技术出版社, 2015.9

ISBN 978-7-5537-5064-4

Ⅰ. ①多… Ⅱ. ①摩… Ⅲ. ①多浆植物—观赏园艺 Ⅳ. ①S682.33

中国版本图书馆 CIP 数据核字 (2015) 第 164374 号

多肉就要这样玩

编　　著　摩天文传
策　　划　祝　萍　曹亚萍
责任编辑　倪　敏
责任校对　郝慧华
责任监制　曹叶平　周雅婷

出版发行　凤凰出版传媒股份有限公司
　　　　　江苏凤凰科学技术出版社
出版社地址　南京市湖南路 1 号 A 楼，邮编：210009
出版社网址　http://www.pspress.cn
经　　销　凤凰出版传媒股份有限公司
印　　刷　深圳市威利彩印刷包装有限公司

开　　本　710 mm×1000 mm　1/16
印　　张　12
字　　数　120 000
版　　次　2015 年 9 月第 1 版
印　　次　2015 年 9 月第 1 次印刷

标准书号　ISBN 978-7-5537-5064-4
定　　价　36.00 元

新手也能轻松玩转多肉

也许只是因为一眼的缘分，就让你爱上多肉，从此一发不可收拾。但面对陌生又可爱的它们，你是否经常感觉无从下手？想要打理好多肉并不难，本书将会从最基础的种类为你开启多肉养护之门，教会你灵活运用工具种植多肉，以及如何养护以让你心爱的多肉们健康茁壮地成长。当然，繁殖方式也是必不可少的课程。

为你精挑细选最好养精致的人气多肉

多肉的世界就像一个庞大的精灵王国，它们因为独特的外形长相以及名字而变得饶有生命力。本书将为你精挑细选出懒人最爱的多肉品种、小巧精致的美丽多肉以及最受欢迎的人气品种，让对多肉毫无免疫力的你，有个理智的参考，这样才能挑选到最适合你的多肉品种。

别出心裁的多肉创意小物轻松做

当多肉植物在你的精心照料下已经茁壮成长、生机盎然时，你还可以尝试改变它们的“样貌”，让它们运用在更广泛的地方。比如，在送礼时，将多肉与卡片结合；在结婚时，将多肉用到浪漫的婚礼之中……总之，我们会为你介绍玩转多肉的各种方法，发散你的创意思维，让你的多肉更有意思！

专业团队带你探索多肉王国的奥秘

本书由国内知名的生活类图书创作团队摩天文传倾情打造，简明文字与精美图片相搭配，简单易学又充满创意，让你沉浸在种植多肉所带来的身心愉悦之中。这本书一定会成为你频频翻阅的种植指南，能为热爱生活的你服务，而这也正是摩天文传孜孜不倦的追求。多肉新手们，赶快翻开这本书，开启玩转多肉世界的全新旅程吧！

Contents 目录

Chapter 1 养肉入门 晋升多肉达人的基础条件

Chapter 2 懒人最爱 超好照顾的多肉种类

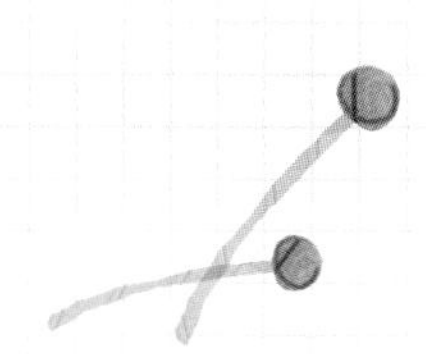

Chapter 3 观赏级别 小巧精致的美丽多肉

Chapter 4 人气品种

最受欢迎的多肉品种

Chapter 5 多肉组合
利用多肉玩转各类造型

Chapter 6 多肉诊所
为多肉的健康保驾护航

Chapter 1

养肉入门
晋升多肉达人的基础条件

种类繁多的多肉世界充满着惊喜，刚刚入门的你是否对它们还一无所知？本章将教你了解多肉种类与专业名词，从最基础的地方开始“入侵”多肉王国。只有打好了基础，才能真正地玩转多肉！

多肉达人教你挑选健康的多肉

周伟伟，资深多肉达人，追求高品质的多肉孤品，并创办了淘宝店铺“Victoria garden”，一心为顾客传达更多的精致、绚丽及贴心。周伟伟还是上海金山区小鬼多肉大棚棚主，但他更愿意称自己为多肉玩家，而非卖家。在对多肉投注爱的同时，他收获了经验、朋友及更积极的生活态度。我们可以根据他的养护经验，来亲手打造属于自己的健康多肉。

观察叶子

健康的多肉叶子会呈现饱满的状态，叶片色泽正常，不暗淡；而叶面不光滑，叶色暗淡无光，有皱折，以及出现长斑等不正常现象的多肉叶子，基本为不健康的叶子。严重时还可能会出现叶片脱落、枯黄、黑腐的现象。还有一种状况是叶片出锦（出锦是指多肉由纯绿色变异为黄斑、黄线、银斑、银线等色彩种类的新种），出锦属于基因突变，非常罕见，这类多肉植株本身是健康的，而且价格也会很高。

观察顶部生长点

正常的多肉植物生长点呈现莲花状，并向四周散开。若出现生长点畸形、错乱或毫无规律地生长，则很可能是出现了缀化的现象。多肉植物的缀化变异，会在多肉顶端形成许多小的生长点，这些生长点横向发展连成一条线，最终长成扁平的扇形或鸡冠形带状体等。一般多肉植物发生缀化后，价值会比原来的高出很多，而且还具有收藏价值。若生长点出现黑色即为不健康的表现，此多肉植物可能发生了黑腐。

观察有无病虫害

健康的多肉植物是没有病虫害的，若发现多肉里有白色的小虫子，那很可能是介壳虫，它经常隐藏在叶子下面，或在叶心的生长点里面，或在多肉植物的根部，对多肉危害非常大。除了介壳虫之外，还有很多害虫和疾病会侵害多肉植物，所以要经常观察多肉上是否有害虫，或从多肉的外形、颜色、状态观察是否有生病的迹象，并及时做出相应的救治处理。

观察是否新栽

选购已栽入盆中的植株时，要注意一下是否是新栽的。如果是出售前新栽的植株，则盆土松软，轻摇植株会有较大晃动。这样的植株并未发新根，买回家后须重点打理，避免强光照射，控制水分，一般一至二月后新栽植株才能完全巩固。目前市售的带盆植株中，新栽的比例占大多数。

组合多肉要留意

市场上还会出售一些由多个种类的多肉配植在一个容器中的多肉组合盆栽。在选购时不仅要注意多肉植株组合得是否错落有致、疏密有间，是否新奇有趣，还要注意各种类之间生活习性是否相近，如果将对光照、水分、栽培基质等要求差别较大的种类栽培在一起，就会对今后的养护带来很大的不便。

选购季节有讲究

大多数多肉植物原产于热带、亚热带地区，对环境温度变化较为敏感。虽然市场上一年四季都有多肉植物出售，但是选购不耐寒的多肉植物时，应避开 11 月至次年 3 月的多肉休眠期，否则如遇连续低温天气，植株很难成活。

种植多肉的入门工具

玩多肉首先要选对合适的工具，有了这些工具的帮助，可以让你得心应手地照顾好一盆盆可爱的多肉，达到事半功倍的效果。

镊子

镊子绝对是养多肉的一大利器，许多时候都会需要镊子的协助操作，直头、弯头的镊子都可以。它不仅可以帮助你检查多肉的植株根系情况，也可以帮助你在不伤害多肉叶片的情况下拔掉底部干瘪死亡的枯枝败叶，就连培植多肉时都能用上。总之，养多肉就不能少了它。

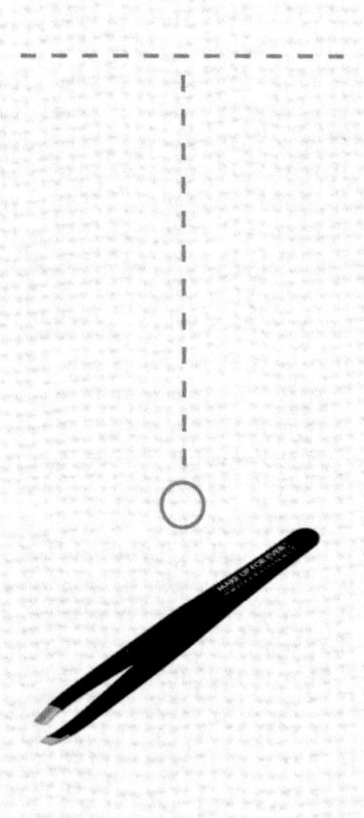

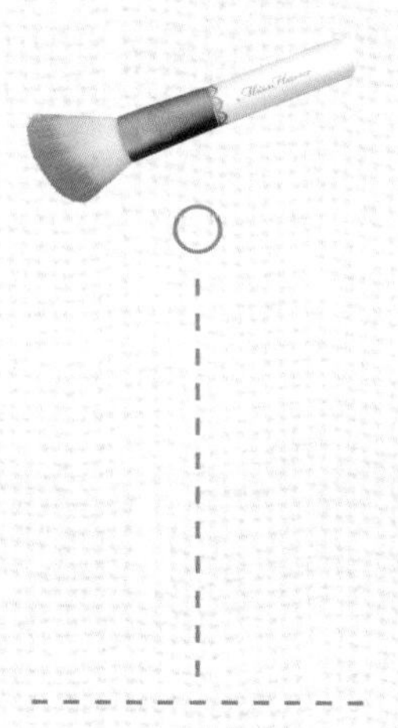

腮红刷

多肉就是需要保持干净的盆面以及状态才能展现出它挠人的姿态。平时淘汰掉的腮红刷就能够帮助你管理多肉的卫生状况。腮红刷柔软的毛质不会伤害到多肉，也能将平时清理不到的小死角清理干净，比一般的画笔、牙刷质感要好得多。

喷壶

多肉对于土壤和湿度等要求都很高，喷壶不仅可以控制平时的干湿度，还可以用来喷药剂，在夏季等虫子多发季节预防虫子，让多肉一年四季都处于理想的环境里生长。喷壶不经常用，所以买大买小都没关系。

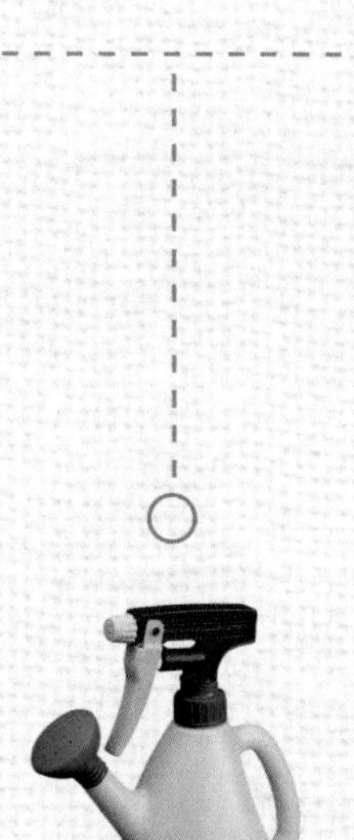

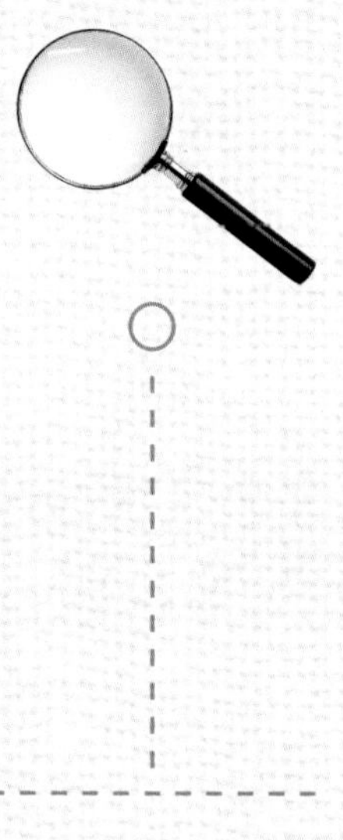

放大镜

如果你很关爱你的多肉，准备一把放大镜还是非常有必要的。利用它可以随时观察播种期的小苗以及体型较微小的多肉的生长状态，相当于医生的听诊器，可以随时知道多肉的健康状况。

园艺铲子

多肉的种植少不了土壤，园艺铲子就是用来挖掘土壤的，常常用于多肉的种植、换土、松土和倒盆等，不仅让处理土壤的工作变得省力许多，还可以尽量保持双手的清洁。如果选择可以换头的园艺铲子，能达到事半功倍的效果。

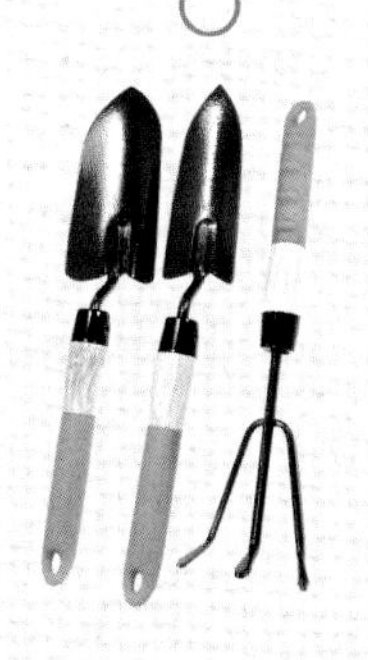

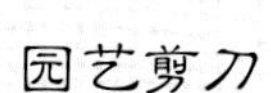

园艺剪刀也是种植多肉中必备的常用小工具，常用来修剪枝条。普通剪刀的刃口是直线形的，容易将枝条弄断。而园艺剪刀拥有独特的圆形刃口设计，在修剪枝条时不会因用力过大而把周围枝条压断，而且很省力。

手套

在种植多肉的过程中经常要摆弄土壤，不仅容易弄脏双手，还有可能给手部造成伤害。例如，土壤中的尖锐物、细菌和一些带刺的植物，都会威胁双手。戴上手套即可有效解决这些问题。

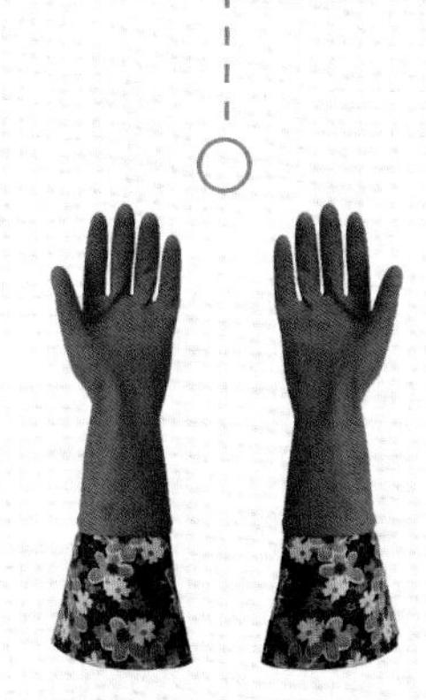

花盆

花盆是种植多肉必不可少的容器，为了配合不同多肉的生长需求，在选择花盆时，要考虑合理的大小和适合的材质，才能保证多肉有一个舒适的家。

多肉的生活习性

各种植物都有它们的生活习性特点，只有充分了解并在种植过程中加以注意，才能让多肉健康成长，呈现出最好的状态。

全球最符合多肉生活习性的地区

了解多肉的生活习性

多肉的状态	多肉的生活习性
生长期	多肉植物大多是在温度适宜的春、秋两季生长。在此期间，要密切观察多肉的健康，多给水，也要科学给肥。
休眠期	多肉大多不耐寒、不耐热，30℃左右已经是很多植株的忍受极限，所以到了炎热的夏季和寒冷的冬季，多肉会进入休眠期，此时要少给水，注意通风降温或是保暖。
生长环境	多肉大都喜欢生长在干旱、松弛、透气的土壤中，所以家养多肉时，最好将多肉放在通风和阳光充足的地方，以利于多肉的生长。
生长速度	一些多肉生长速度相对较快，例如黄丽、子持莲华等比较好养的多肉，只要精心照料，很快就能爆盆。而生石花等多肉生长速度相对较缓慢，一年只长几厘米甚至几毫米。

根据习性制定多肉养护方案

1. 光照要足

光是一切绿色植物进行光合作用的能源，多肉也不例外。夏季要小心高温和长时间的曝晒，因为多肉植物组织细胞肥厚，散热缓慢，容易造成叶片晒伤。其他季节保证充分日照，有助于植株生长。

2. 水分得当

虽然多肉植物中的大多数种类都能耐较长时间的干旱，不会因短期的无暇照顾而干死，但决不是说它们不需要水分。多肉给水要掌握“见干见湿，浇要浇透”的原则。且要注意浇水后不要曝晒，应放置于低光照阴凉处。

3. 温度把控

多肉植物大多分布在热带、亚热带地区，因为种类不同和分布地气候条件的不同，它们对温度也有多样性的要求。一般来说，温度在15~28℃最适宜多肉生长，如果温度低于5℃或是高于35℃，会超出多肉植株的忍受极限，此时多肉也会进入休眠期。

4. 空气流通

在多肉的原产地，大多数多肉植物生长在旷野中，在没有污染的新鲜空气中健康地生长。虽然家养可能没那么好的条件，但通风很重要，闷热的夏天夜晚尤其要加强通风，并预防病虫害的产生。

5. 科学配土

多肉有自身的生活习性，它们对土壤的基本要求：疏松、透气、排水，有一定的持水性，含有定量的腐殖质，颗粒度适中，没有过细的尘土，呈弱酸性或中性（少数种类可为弱碱性）。

多肉达人教你控制日照和浇水

兔子君，资深多肉达人，淘宝店“食肉族”的店主。对于多肉，从初次的着迷到难以割舍的喜爱，让他将多肉从纯粹的兴趣发展成一个淘品牌，为更多多肉爱好者搭建一个沟通交流的平台。从店名即可领会，多肉是兔子君及多肉爱好者们不可缺少的精神食粮。现在，他将多肉养护中总结的一些经验分享给我们，从细节出发，种出健康漂亮的多肉。

控制日照长短

多肉植物大多喜欢在有充足光线的环境下生长，其每天需要的日照时间为 3~8 小时不等。充足的阳光能使多肉植物成长得更健康、外形更健壮、外表更亮丽，而且不易患上病虫害。在春天这种温暖而潮湿的季节，日照就是多肉植物天然的杀虫剂。而放在室内养护的多肉植物由于没有得到充足的阳光照射，其从形态上就会比较差，长势不美，抵抗力也不强，有些品种的多肉植物还会因为没有得到足够长的日照而枯萎。所以，要尽量给多肉植物提供足够长的光照时间。

控制日照强弱

多肉植物喜欢晒日光浴，但是俗话说过犹而不及，并不是一味地追求全日照就是对多肉植物生长最好的帮助。当遇到炎热夏季的时候，特别是太阳最猛烈的中午时间，要避免多肉植物被阳光暴晒，此时必须适当遮光，以免其被晒伤，甚至被晒干。此时可以将多肉适当移到室内养护，或使用防晒网。控制日照的强弱来改变多肉植物的颜色，也是打造自己想要的多肉外观的不错方式。

防止多肉徒长

多肉植物的茎叶疯狂生长的现象，就叫做“徒长”。很多时候，徒长是由于植物缺少日照，生长环境光线过暗，此时又相对浇水过多而造成。已经徒长的植物基本无法复原到原来的模样，等到春、秋生长的季节，可以截下植物顶部，晾干伤口后进行枝插繁殖。新繁殖的植物要保持充足的日照和适当的浇水量。

浇水原则

多肉植物没有固定的浇水频率，需要综合考虑很多外界因素，例如养殖环境、温度、空气湿度等，但都是要遵循“干透浇透”的原则。在浇水前先检查盆土是湿润还是干燥的，如果湿润就不用浇水，如果已经完全干燥，则可浇水，而且要浇透，避免积水。

根据季节调节浇水量

春季：5~7 日浇透 1 次，露养，阳光直射。

夏季：1~2 周浇水 1 次，减少每次的浇水量，避开暴晒，置于通风阴凉处养护。

秋季：5~7 日浇透 1 次，露养，阳光直射并适当避开暴晒。

冬季：5~7 日浇透 1 次，露养，阳光直射。0℃以下将多肉移入屋内养护。

通过细节控制浇水量

1. 花盆底一定要有排水口，网状盆底最佳，万象盆也是不错的选择，这样浇水时过多的水容易排出盆外。

2. 陶粒或者轻石铺地，既防止漏泥，也能有效地让多余的水分排出，防止烂根。

3. 土面铺上彩虹石和富士砂是不错的选择，这种沙粒面水分挥发快，不容易让叶片粘上湿的土而导致叶片腐烂。

4. 夏季是多肉的休眠期，要尽量少浇水，浇水也必须少，有条件的可以拿个大盆铺上土，再把小盆放在大盆的土面上，浇水时只需浇灌大盆里的泥土即可。

多肉达人教你繁殖多肉

林楠，资深多肉达人，淘宝店“肉肉主义”的店主，旨在为喜欢多肉的朋友们创造一个属于自己的“家”。偶然看到多肉使他着了迷，在喜爱多肉的过程中，他决定将多肉经营成一个淘品牌，给更多的人传播快乐。我们可以根据他分享的养护经验，给自己的多肉更周到的呵护。下面，多肉达人将从多肉的繁殖开始，讲述多肉的养护技巧。

繁殖步骤

1 准备好繁殖多肉需要的材料及工具。

2 选择一个健康的多肉植物。

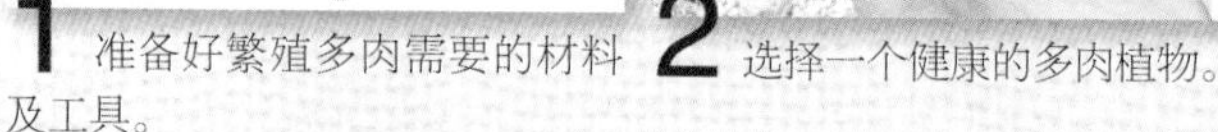

3 挑选出适合的叶片和侧芽。

4 选择一个适合的花盆，有孔或无孔都行。

5 在花盆里放入多肉用土。

6 在土壤上放入适当的缓释肥。

7 将用于枝插的枝叶和侧芽植入土中。

8 在上面放入适当的蛭石。

9 再将选好的叶片放在蛭石上。

10 浇入适量的水，让土壤保持一定的潮湿度。

11 将完成种植的多肉放置在阴凉通风处，避免太阳暴晒。

TIPS 多肉繁殖时需用到的材料及工具

多肉的配土由珍珠岩、火山岩、泥炭土、缓释肥、蛭石等混合形成，土壤可由自己根据多肉的具体需要来搭配，但是基本所有配土都包含泥炭土。工具要用到镊子、盛土器、小铲子等。

达人教你七种常见多肉繁殖法

播 种

【释义】多肉植物的种子寿命短，一般多肉植物的种子在常温条件下贮藏 1 年，发芽率会很快下降。所以，许多多肉植物待种子成熟后，采下即播或贮藏于翌年春播最佳。尽可能选择透气疏松、排水性良好的介质进行栽培，生长期间要保持土表湿度，浇水过多将会导致腐烂。

枝 插

【释义】枝插是用植物枝条的一段作为插穗的扦插方法，应用较为普遍。挑选健康无病害的植株侧枝或顶枝，用小刀迅速切下，剪成一定长度，尽量多留叶片，以利于光合作用的进行。待伤口晾干、充分愈合之后，再进行扦插。或者在伤口处涂抹杀菌粉剂，或在阴凉处晾置 3~5 天，时间宁长勿短，切下后急于扦插只会提高枝条感染和腐烂几率。

叶 插

【释义】叶插常用于能自叶上发生不定芽及不定根的多肉种类。叶插需要选择健康、汁液饱满、表面无伤、无虫害的叶片，取下后，尽量晾置 2~3 天，待伤口充分愈合之后再进行叶插。叶插时，将叶片平置于扦插基质表面，或稍微倾斜，将叶柄少量埋入基质中。然后放置在阴凉处，并保持空气湿度和环境温度。不可直接浇水，只需保持土面的潮湿度即可。

根 插

【释义】根插是以根段作为插根的扦插方法。选择健康的根，剪成适宜的长短，上口平剪，下口斜剪，直插于土中，扦插后发生不定根和芽。一些多肉植物的地下根部分，例如十二卷的根或块根植物的根也可以用来繁殖，其主根、侧根都可以，但必须保证是健康饱满的根系。如果是景天科的多肉，其地上茎部分切下进行根插之后，地下根部分仍然可以进行繁殖，可不用挖出，在茎切口周围会长出新的苗体。

茎 插

【释义】在多肉植物的繁殖过程中，结合对多肉植物的整体修剪和整形，剪取一根适宜繁殖的枝条，将其切段作插穗，如沙漠玫瑰、紫龙角等都可采用这种繁殖方式。对于在切段的伤口会流出白色乳汁的多肉植物，必须处理干净，等到晾干后再扦插。

嫁 接

【释义】嫁接是植物的人工营养繁殖方法之一。即把一种植物的枝或芽，嫁接到另一种植物的茎或根上，使接在一起的两个部分长成一个完整的植株。在多肉植物中，嫁接常用来繁殖斑锦和缀化的品种，这样能拥有较好的观赏效果。在嫁接过程中，由于植物体内含有白色乳液，黏性大，所以在嫁接操作上要操作快速、熟练，才能保证成功嫁接。

分 株

【释义】分株是繁殖多肉植物最简便、最安全的方法。即将植物的根、茎基部长出的小分枝与母株相连的地方切断，然后分别栽植，使之长成独立的新植株的繁殖方法。只要具有莲座叶丛或群生状的多肉植物都可以通过它们的吸芽、走茎、鳞茎、块茎和小植株进行分株繁殖，可以在春季换盆时进行。等到长成为新的植株后便可移盆，保持正常浇水和光照即可。

TIPS 多肉植物繁殖的后期护理

繁殖多肉植物的操作完成后，最重要的是要保持种植环境中的空气相对湿度及适合温度，其次是要避免太阳光的直射。如果是闷养的多肉植物，要记得给其定时通风，保证植株能补充到需要的氧气和二氧化碳。

Chapter 2

懒人最爱
超好照顾的多肉种类

虽然绝大多数的多肉生命力都十分顽强，但在特定的季节以及环境下，多肉也并非坚不可摧。推荐给大家一些超好照顾的多肉种类，无论你是忙碌的上班族，还是功课繁多的学生族，不需要太多心思就能将它们打理得很好！

小球松

景天科

景天属

生长速度：一般

繁殖难度：较容易

清新小巧的植株，比较容易打理照顾，还能组合做成别致的小盆景，装点于家中，具有极高的观赏价值。

小球松的养护表

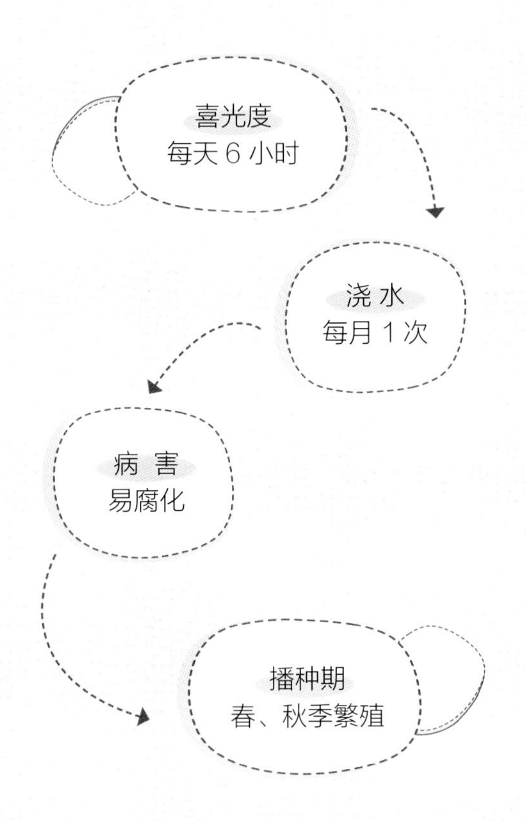

小球松，也叫小松绿，原产于非洲阿尔及利亚地区，肉质针叶，由于老叶干枯后常会贴于老茎上，呈灰白色龟裂形似树干，像迷你型的松树，多用来组合成微型盆栽。夏季 35℃休眠，盆土干燥，每月少量给水，遮阳，怕热，不小心就容易干枯至死。休眠的时候，顶株的叶片会慢慢合拢。秋天恢复给水，叶子就会变回球状。冬季 5℃以下要保持干燥，较耐寒。喜阳，半阴也能很好生长，耐干旱，怕积水。浇水一般为土壤干透便浇透 1 次，缺水时叶片会合拢变得无精打采，此时提醒要给水了。

养肉小贴士：如何繁殖小球松？

繁殖方式为扦插，扦插极易成活。将长势饱满紧凑的小枝条掰下，插穗在盆土中，控制好温度，保持在散射光照环境中，10 天左右生根，成新植株。培土多用煤渣混合泥炭，表面用沙，保证有良好的排水性，疏松透气。生长期多给水，发育成株后浇水随意，干透浇透。防止徒长，会不好看。常用椭圆形或长方形的花盆栽种，搭配小草、小石，要注意多修剪，以保持美观的形状。

虹之玉

景天科

景天属

生长速度：较慢
繁殖难度：较容易

如玉石般温润透亮的叶片，十分讨人喜欢，因叶片呈橙红色且顶端殷红，配以碧绿叶基分明亮丽，是观赏价值较高的一款多肉。

虹之玉的养护表

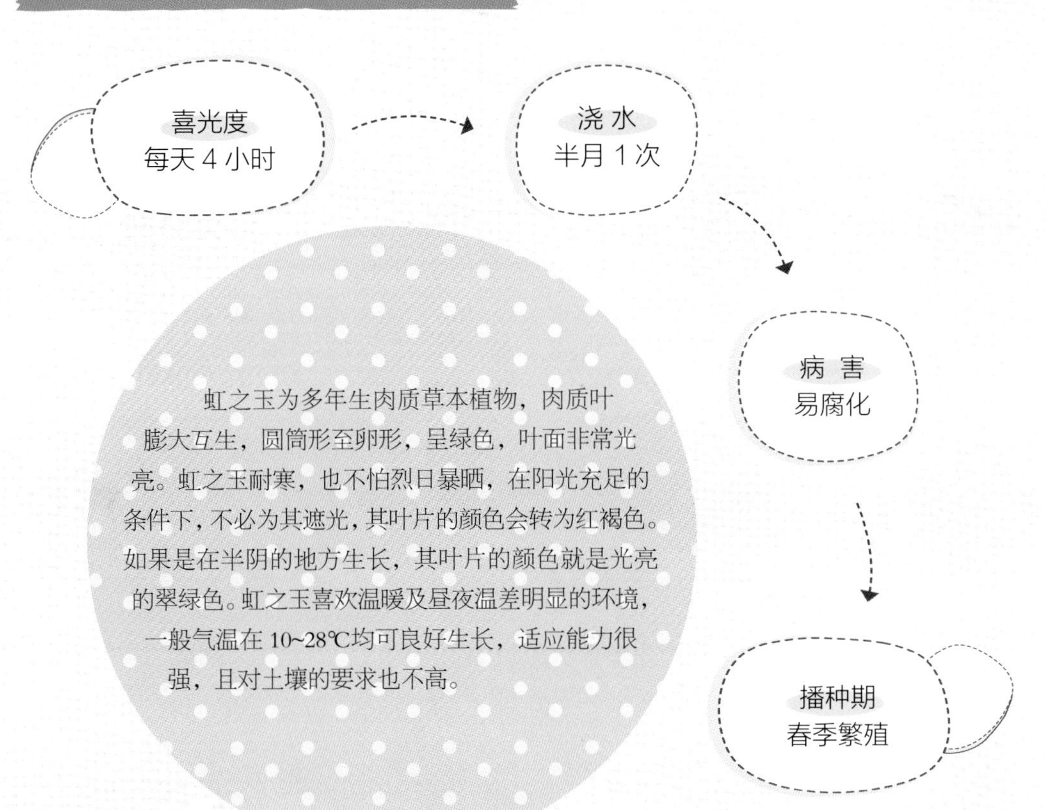

虹之玉为多年生肉质草本植物，肉质叶膨大互生，圆筒形至卵形，呈绿色，叶面非常光亮。虹之玉耐寒，也不怕烈日暴晒，在阳光充足的条件下，不必为其遮光，其叶片的颜色会转为红褐色。如果是在半阴的地方生长，其叶片的颜色就是光亮的翠绿色。虹之玉喜欢温暖及昼夜温差明显的环境，一般气温在 10~28℃均可良好生长，适应能力很强，且对土壤的要求也不高。

养肉小贴士：如何繁殖虹之玉?

虹之玉的繁殖可以采用扦插、茎插、叶插的方式。其中茎插法是利用修剪下来的枝条，截成长 5 厘米的茎段后，放在阴凉的地方晾晒 3~5 天，等到切口处稍干后再插于苗床内。叶插法是先取下完整的叶片，放置 3 天后再扦插的方法。这种方法繁殖系数大，但是成型速度较慢。

玫瑰莲

景天科

拟石莲花属

生长速度：一般

繁殖难度：较难

玫瑰莲在接受充足的阳光照射后，叶缘会泛红，非常耐看，常与其他多肉组合成盆，用于装饰客厅、书房、窗台，可以使人精神愉快。

玫瑰莲的养护表

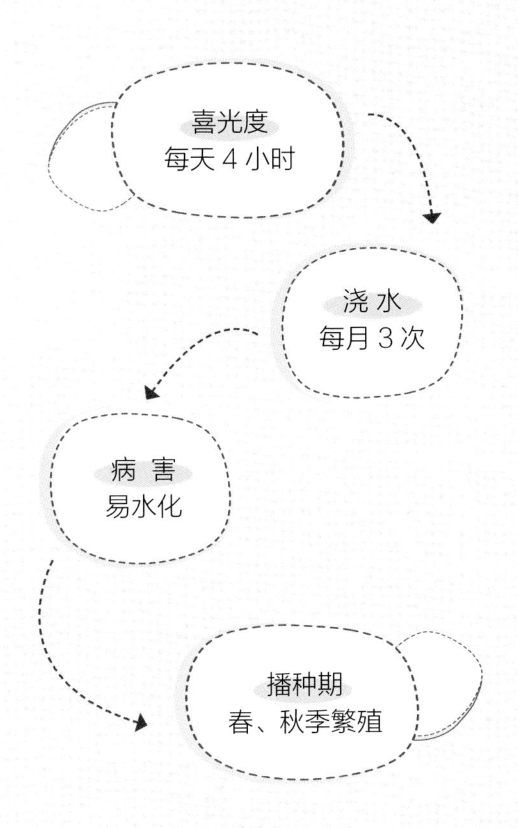

玫瑰莲为多年生多肉植物，植株具短柄茎，肉质叶排列成莲座状，叶片匙形，稍厚，顶端有小尖。玫瑰莲喜欢温暖、干燥和阳光充足的生长环境，耐干旱，不太耐寒。夏季高温的时候植株会有短暂的休眠期，此时植株生长缓慢或完全停滞，应放在通风良好的地方养护，并控制好浇水量。浇水要遵循干透浇透的原则，在寒冷的冬季，若温度低于5℃时，要减少浇水量。玫瑰莲对土壤的适应能力强，不易生病，保持盆土通风透气即可。

养肉小贴士：如何繁殖玫瑰莲？

玫瑰莲主要靠砍头、叶插来繁殖，成功率比一般石莲花低得多。在春、秋季生长最旺的时期，取其优良的叶片平放在潮润的盆土中培育，不久后叶片基部就可以发出新根了，这就是叶插的方法。

蓝苹果

景天科

拟石莲花属

生长速度：一般

繁殖难度：一般

蓝苹果外形和水果中的苹果千差万别，有着石莲花的外形，叶尖红艳美丽，它还有个好听且极具趣味性的名字叫“蓝精灵”。

蓝苹果的养护表

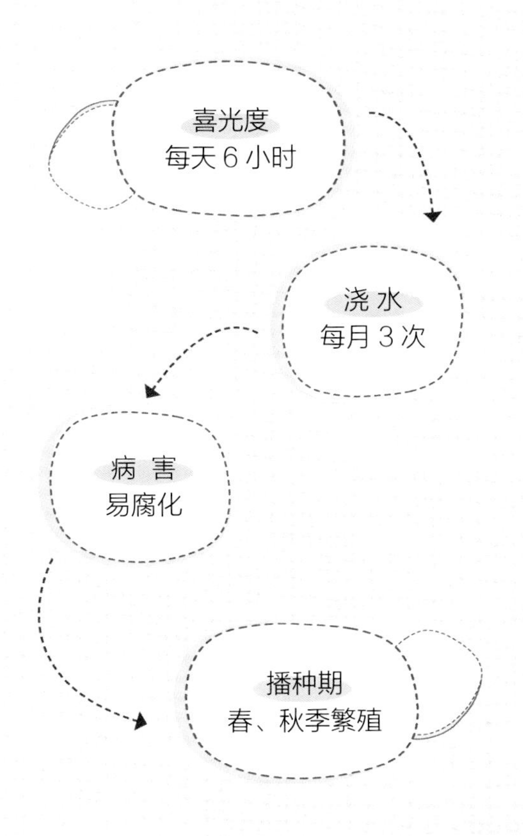

蓝苹果喜欢温暖、干燥、通风的环境，耐旱、耐半阴、不耐寒。夏天养护要注意不能过多浇水，以防止积水使根部腐化。蓝苹果高温也不会停止生长，要想使其安全度夏，不可完全断水，保持土壤有一定的湿润度，并且栽培环境要温暖、干燥、通风，保证阳光充足，只要适当遮阴便可。冬季养护的时候，可用将蓝苹果移入室内，防止室外过低的气温冻坏植株，少给水，保持土壤干燥即可。

养肉小贴士：如何繁殖蓝苹果？

拟石莲花属的多肉，大多属于夏种型，即在夏季也会生长，只是生长速度变得缓慢，所以一般会在春、秋季进行播种。繁殖蓝苹果可以在春、夏、秋季进行，选春秋季最佳，可采用叶插、分株、去顶株的方式进行。去顶株的方法能使蓝苹果爆出许多小头，取之来培育即可，母株分出的分株可以剪下，和叶插的方式一样，干燥处理好伤口后，放在盆土中栽培便可。

巧克力兔耳朵

景天科

伽蓝菜属

生长速度：一般

繁殖难度：一般

光名字听起来就非常讨人喜欢，其外形也是非常讨喜的兔耳形状，叶尖的巧克力色斑点让它更具生气，不仅好养护，放于家中还能提升趣味性。

巧克力兔耳朵的养护表

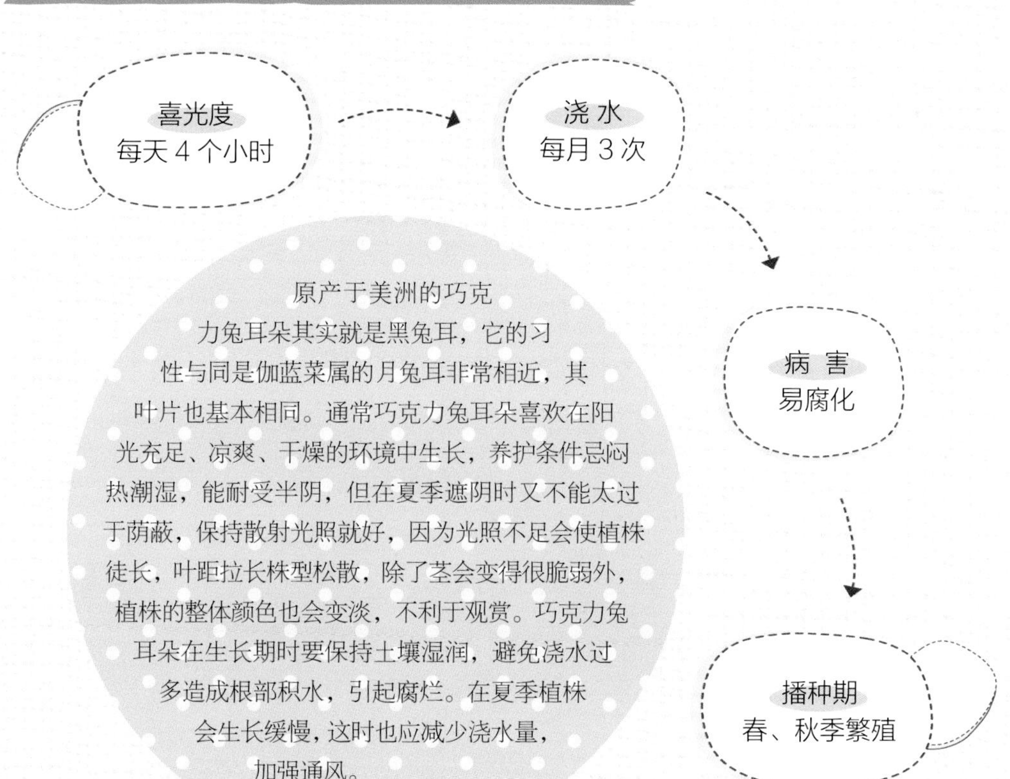

养肉小贴士：如何繁殖巧克力兔耳朵？

巧克力兔耳朵的繁殖可以采用扦插和分株的方式。在生长中的巧克力兔耳朵会生出分枝，扦插则是取下健康的分枝，自然晾干伤口后扦插在沙土中，保持土表潮润但不要浇水，放于阴凉通风的环境中，20 天之后就会发根，再养护一段时间，待到长出独立植株后便可上盆种植，单独培养，这时才能正常给水施肥。

红爪

景天科

拟石莲花属

生长速度：较快

繁殖难度：一般

小爪子一样的小红点非常迷人，放在家中装点书桌案几，不仅能净化空气，它可爱的样子还会使人心情愉快，美化生活的同时还不难养护，非常适合上班族。

红爪的养护表

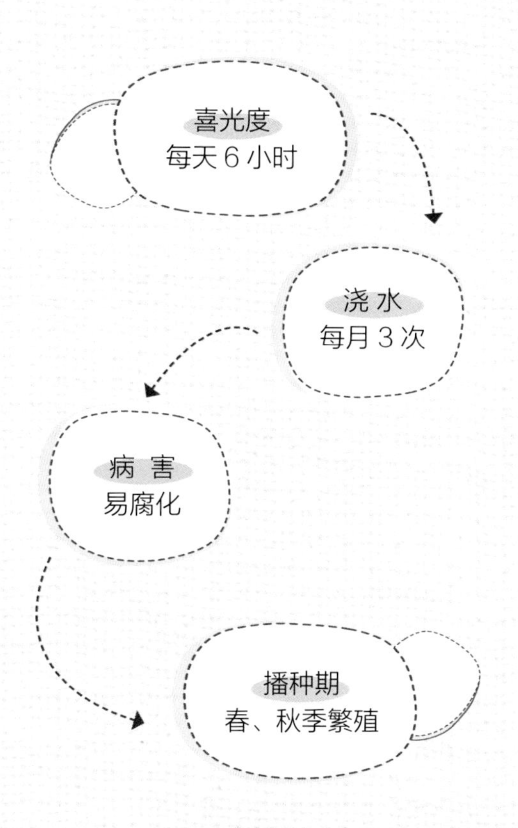

红爪的叶尖稍向外弯曲，且呈红色小点，植株叶片莲座状，非常好看。能在10~25℃，干燥、温暖、通气良好且光照充足的环境中很好地生长，耐干旱但不耐寒，配土较随意，只要保证排水良好不积水即可。为了使红爪在35℃以上的炎夏中生长，必须保持环境通风阴凉，不能暴晒或是淋雨。冬季应该移入室内且保持室温在10℃左右，放于能让阳光照射到的地方养护，并严格控水，若是气温低于3℃就要停止浇水了，还要保持盆土干燥。

养肉小贴士：如何繁殖红爪？

红爪的繁殖主要采用扦插和分株的方式来进行。夏季的高温和冬季的低温均不太适宜培育红爪，一般会于春、秋季繁殖红爪，扦插和分株均是取紧实且生长良好的侧枝或分株，在稍有潮气的盆土中培养，不需要浇水，保持通风和散射光照即可，不久便能生根成新的植株。培育时要注意选用透水性良好的土壤，避免积水过潮使幼苗腐化。

棱镜

景天科
拟石莲花属

生长速度：一般
繁殖难度：较快
棱镜植株有非常小清新的颜色，晒足阳光后会呈现出艳丽迷人的红色，圣洁的莲座状显得端庄平静，样子非常好看且讨人喜欢，既美观又好养护。

棱镜的养护表

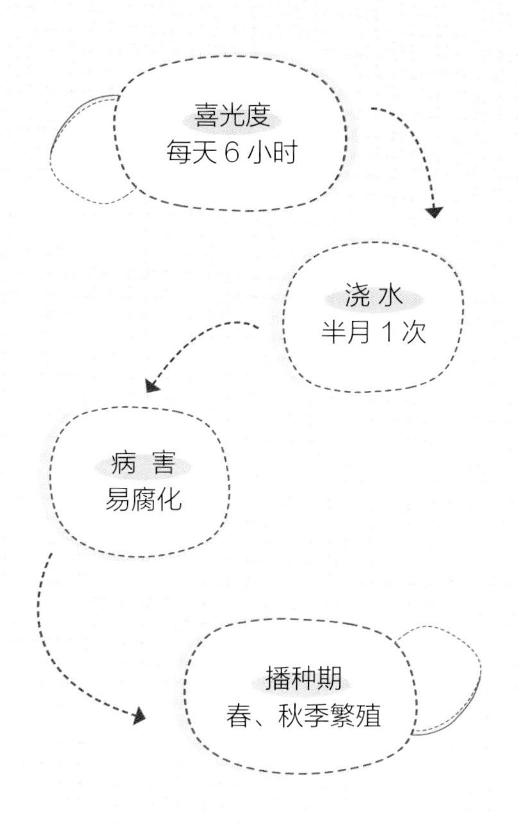

棱镜适合在 10~25℃，温暖、干燥、凉爽、阳光充足的环境中生长，耐干旱但不耐寒，是较容易养护的多肉。在温度高于 35℃的夏季，要注意保持培育环境通风、遮阴，防止烈日直射晒伤叶片，浇水要少量。冬季温度低于 0℃时，要将棱镜放于室内阳光充足处养护，防止低温冻伤植株，并且要断水处理。在生长期的时候只要给足阳光，棱镜的叶尖颜色就会更艳丽，老叶也会呈现出迷人的艳红色。

养肉小贴士：如何繁殖棱镜？

棱镜的繁殖可以采用叶插的方式来进行，在生长期，选择棱镜植株上健康、紧实的叶片，将其小心掰下，然后放在阴凉通风的环境中让伤口自然干燥 1~2 天，便可以放置于有潮气的盆土表面，并且保证土壤的排水性能良好，疏松透气，不可浇水或是喷水，多余的水分沾在叶片上会使叶片腐烂，影响繁殖。

奥普琳娜

景天科

风车草属

生长速度：较快

繁殖难度：一般

圆润可爱的叶片带有胭脂红色，像极了古代美人，带有迷人的娇羞感，让人流连忘返，种植于家中用来装饰空间是一个不错的选择。

奥普琳娜的养护表

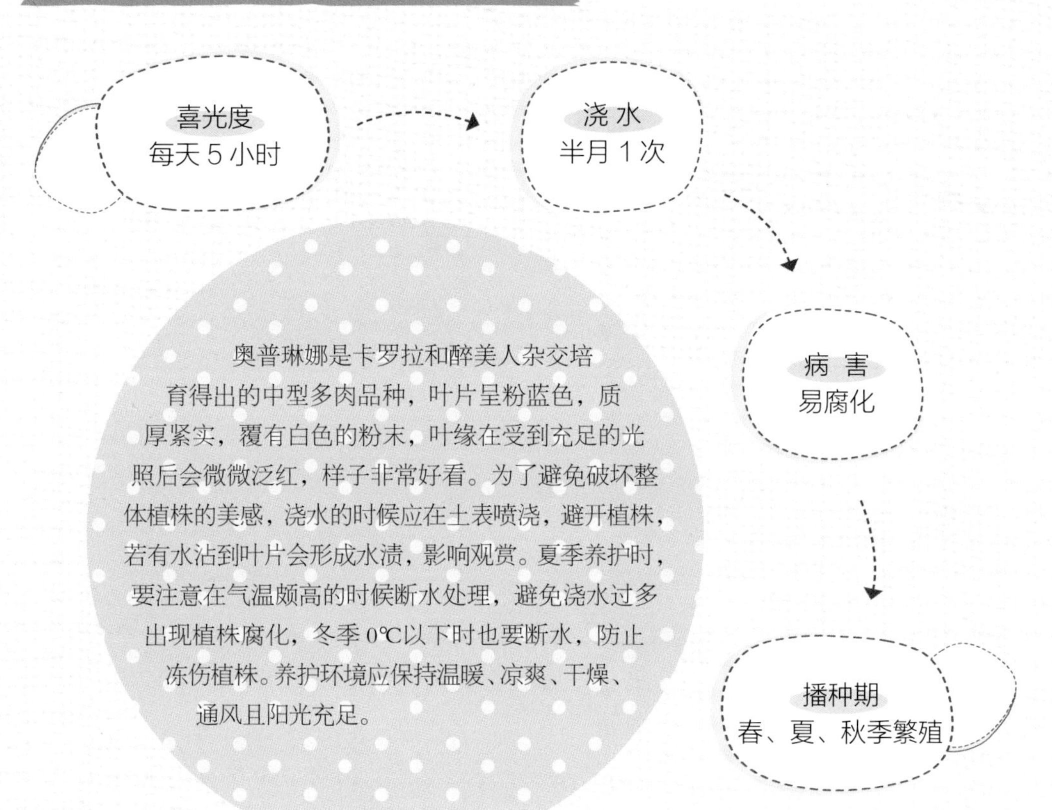

奥普琳娜是卡罗拉和醉美人杂交培育得出的中型多肉品种，叶片呈粉蓝色，质厚紧实，覆有白色的粉末，叶缘在受到充足的光照后会微微泛红，样子非常好看。为了避免破坏整体植株的美感，浇水的时候应在土表喷浇，避开植株，若有水沾到叶片会形成水渍，影响观赏。夏季养护时，要注意在气温颇高的时候断水处理，避免浇水过多出现植株腐化，冬季 0℃以下时也要断水，防止冻伤植株。养护环境应保持温暖、凉爽、干燥、通风且阳光充足。

养肉小贴士：如何繁殖奥普琳娜？

奥普琳娜生长速度较快，会匍匐生长，所以很容易群生，常用叶插、去顶株、侧芽分株的方式繁殖。选取厚实健壮的叶片或是分株，对伤口进行自然干燥后放于盆土中培育，配土湿度接近 70% 即可，不用浇水便能使之生根发出新芽，待到生成独立的植株方能移盆上盆栽培，新芽稍大后正常施肥给水，配土应保持排水透气性良好为主。

雪球

景天科

拟石莲花属

生长速度：一般

繁殖难度：较容易

可爱的名字，小巧的植株，还有粉嫩的颜色，养于窗台案几最适合不过了，而且还非常好打理，不需要过多看护就能很好地成长。

雪球的养护表

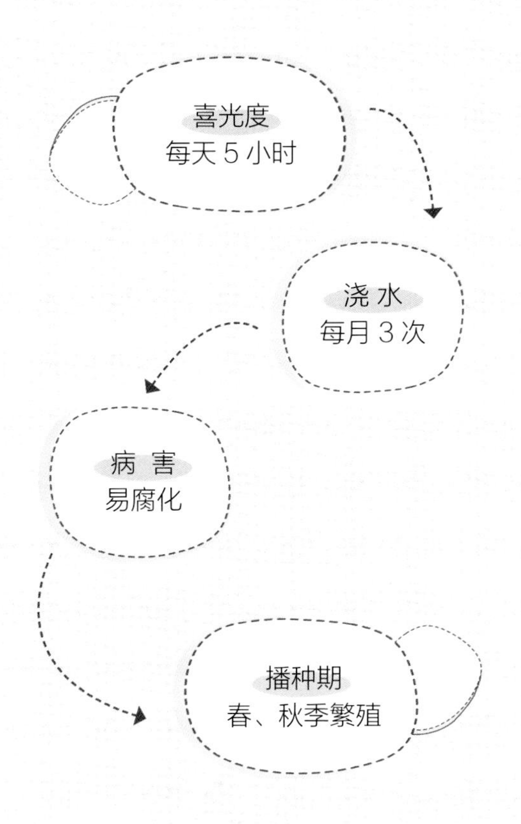

雪球也叫墨西哥雪球，叶片上覆有白色粉质，在生长期的时候，浇水不能过勤，且要非常小心，避开植株、叶片，将水喷射于土表周围即可，水若沾在叶片上会形成水渍，很不美观，会影响观赏。同时要保证养护环境通风，光照充足，盛夏时遮阴后，散射光照也要足够，少光照的雪球植株易徒长，叶子也会变得松散，样子不利于观赏。培育时可以适当在盆中施底肥，生长期中一般施 1~2 次薄肥便能使雪球生长良好。

养肉小贴士：如何繁殖雪球？

繁殖培育雪球可以采用叶插、插穗、分株、播种的方法。播种可在温室中进行，一年四季都能繁殖，种子萌发的最适温度是 16~26℃，保持土表稍潮润和散射光照便可。叶插、插穗、分株则在生长期进行，都是需要将繁殖部分的伤口干燥处理后，放在盆土中培育，一般来说叶插生根的速度较快，10 天左右长出须根，而插穗、分株是 15 天左右发根，且成活率高。

墨西哥蓝鸟

景天科

拟石莲花属

生长速度：一般

繁殖难度：一般

饱满的蓝色叶片在晒过足够的阳光后会越来越亮丽，养在家中可以吸收空气中的甲醛，也是扮靓家居的不错选择。

墨西哥蓝鸟的养护表

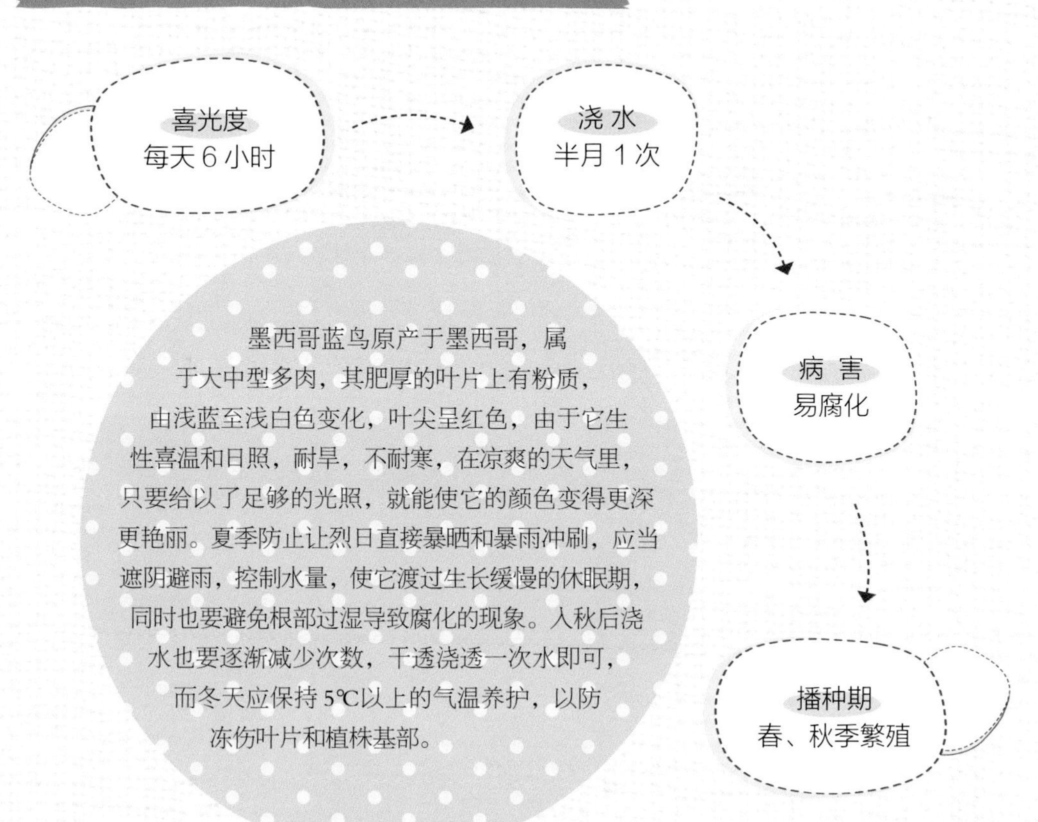

墨西哥蓝鸟原产于墨西哥，属于大中型多肉，其肥厚的叶片上有粉质，由浅蓝至浅白色变化，叶尖呈红色，由于它生性喜温和日照，耐旱，不耐寒，在凉爽的天气里，只要给以了足够的光照，就能使它的颜色变得更深更艳丽。夏季防止让烈日直接暴晒和暴雨冲刷，应当遮阴避雨，控制水量，使它渡过生长缓慢的休眠期，同时也要避免根部过湿导致腐化的现象。入秋后浇水也要逐渐减少次数，干透浇透一次水即可，而冬天应保持5℃以上的气温养护，以防冻伤叶片和植株基部。

养肉小贴士：如何繁殖墨西哥蓝鸟？

一般繁殖墨西哥蓝鸟的时候会用叶插和分株的方式。切取饱满的叶片或是侧枝，处理伤口后，放于盆土中让它发根即可，湿度条件与繁殖大多数多肉一样，保持潮润即可。即使墨西哥蓝鸟是大中型多肉，但也不会长得很硕大，不过会生出许多的侧枝，切顶株后也会爆出许多侧芽，其群生能力比较强，每年只需施一次长效肥便可保证它对养分的需求了。

蓝姬莲

景天科
拟石莲花属

生长速度：一般
繁殖难度：较容易
重叠的莲座般蓝灰色叶片冷艳高贵，叶尖的一点殷红又透出几许娇媚，繁复的造型带有迷人的可爱，点缀生活的同时还极易养护，且能净化空气。

蓝姬莲的养护表

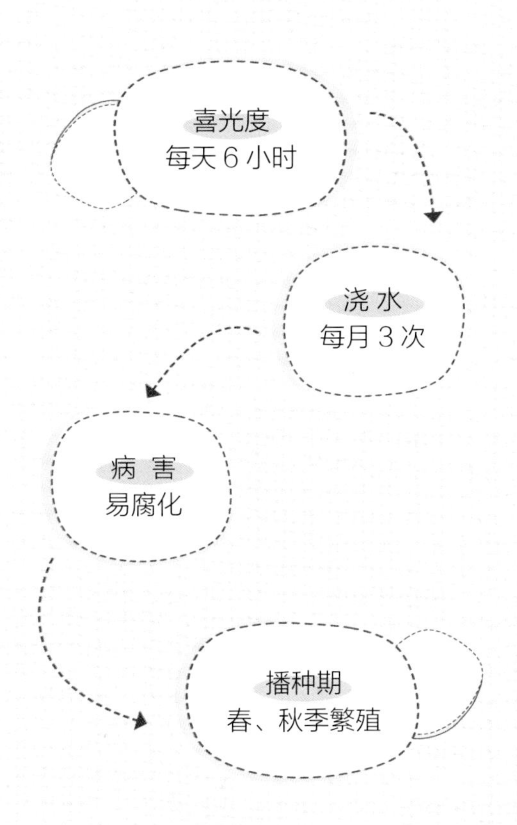

蓝姬莲又叫若桃，是姬莲和皮氏蓝石莲杂交得出的品种，易群生，在冬天的时候颜色会变偏红色，老桩可以生出多头，非常漂亮。喜欢生活在凉爽、干燥、阳光充足的环境中，耐旱、耐半阴，但怕积水、怕闷热潮湿。光照充足的时候，叶面蓝色带霜，叶缘呈现出玫瑰般的红色。在冬季气温偏差大时红色会更明显，这时气温应保持在 4℃以上，再低的气温就会导致姬莲顶端出现冻伤，因此必须断水断肥处理，以保持植株以及根部的温度和干燥度，防止植株冻死，最好能在室内养护。

养肉小贴士：如何繁殖蓝姬莲？

蓝姬莲可以用叶插或侧芽繁殖的方式来培育新植株。用小刀切下长势良好的叶片，一般采用放置在通风处自然风干的方法，做切口干燥处理，随后便可将叶片平方置于沙土上，让它自己发根，这时只要保持土面潮润即可。由于较好繁殖，在培育蓝姬莲时会长出许多侧芽，只需将长大的侧芽取下，扦插便可得到新的植株幼苗。

罗西玛原始种

景天科
拟石莲花属

生长速度：较慢
繁殖难度：一般
原始的品种出落得自然，长相喜人且身份高贵，用来装点居室非常合适，养护也非常简单便利，不需要多看护它就能很好地生长。

罗西玛原始种的养护表

罗西玛原始种是未经过人为杂交培育出来的原始品种，保持了罗西玛植株的最初形态，一般养护需要注意保持环境通风且有光照，夏季强光照需要适当遮阴，不能完全遮阴或者没光照，那样会使罗西玛原始种徒长，叶子拉长松散，非常不好看。夏季没有明显的休眠期，气温高会使罗西玛原始种生长缓慢，这时不能断水，需要保持配土湿润即可在这个季节很好地生长，施肥也应该减少或不施，待入秋后再慢慢恢复给水和正常施肥。

养肉小贴士：如何繁殖罗西玛原始种?

可以利用叶插插穗、分株、播种的方式来繁殖罗西玛原始种。叶插取用生长良好的叶片，将其掰下使伤口干燥后，平放于潮湿的沙土上，放在阴凉通风处，10 天左右基部就会长出须根。插穗和分株在春、秋生长期的时候进行，将伤口风干后插于盆土中，土壤湿度保持在 50%~70%，一般在 15 天后就能生根。

花月夜

景天科
拟石莲花属

生长速度：一般
繁殖难度：较快

花月夜受到许多多肉爱好者的追捧，不仅叶缘泛红的样子讨人喜欢，方便养护的同时，其艳丽的外表还能给居室增添几分自然和清新。

花月夜的养护表

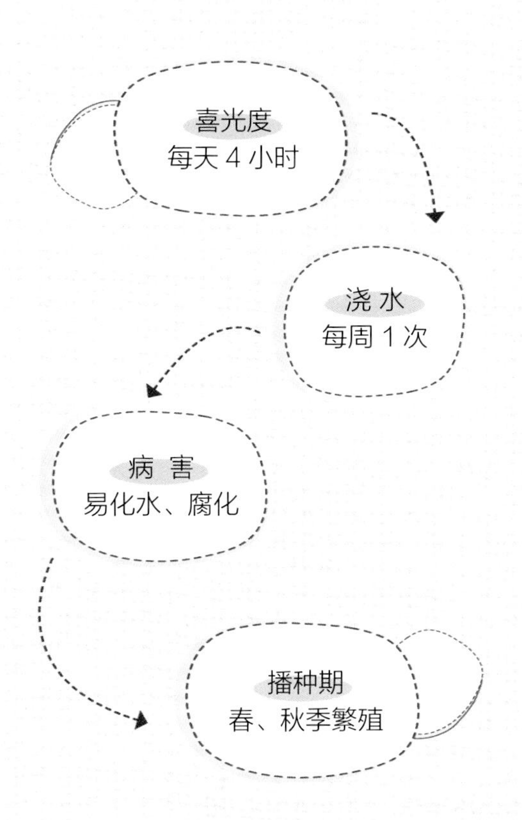

花月夜原产于墨西哥，在光照充足条件下，其叶尖与叶缘易呈艳丽的红色，因此也叫红边石莲花。喜光照且耐旱，在夏天养护要非常注意浇水，严格控水，待土壤干透后，浇透一次水即可，若多浇水会造成积水，使花月夜变黑腐化，并且环境要通风干燥，过于闷湿的培养环境会使花月夜的叶片化水变黄，温度保持在 15~25℃最佳。除了高温的夏季会休眠外，冬季 5℃以下花月夜也会进入休眠，休眠时要断水，温度趋于正常后才能给水。

养肉小贴士：如何繁殖花月夜？

繁殖花月夜一般采用叶插、扦插、去顶的方式。叶插取完整紧实的叶子，于阴凉处自然风干伤口，2 天左右便可放于盆土上，土表不能太湿，稍微有潮气即可，叶片基部就会慢慢生出新根。扦插则是用分出的枝条，将枝条剪下，把伤口晾干，然后插入土中即可。给花月夜去顶能使它爆出许多小头，将生出的小头取下移入盆中，也能栽培成独立的花月夜成株。

刚叶莲

景天科

拟石莲花属

生长速度：较快
繁殖难度：一般
植株外形雄壮，霸气十足，可以说是巨型多肉里的真汉子，养于阳台和客厅，能给居室增添一抹绿色，使居室环境清新怡人，让人放松。

刚叶莲的养护表

养肉小贴士：如何繁殖刚叶莲？

刚叶莲在繁殖的时候可采用播种、去顶、叶插的方式进行。播种用的种子寿命较短，得到后应及时播撒，在春、秋生长旺季里进行最佳，播种后养护要保持土壤湿润，阳光充足。叶插可以选择健壮的叶片，取下后干燥好伤口，即可放入盆土中，保持土表潮润，不久后就能生出新根。去顶的方法能让刚叶莲爆出小头，再把小头取来栽种到盆中即可。

雪莲

景天科

拟石莲花属

生长速度：较慢

繁殖难度：一般

虽然生长较慢，但是它带来的绚丽的美仍让人难以忘记，紫色叶片中的蓝色叶心，带有异域色彩和别样的神秘感，放于书桌，可以提升生活情趣。

雪莲的养护表

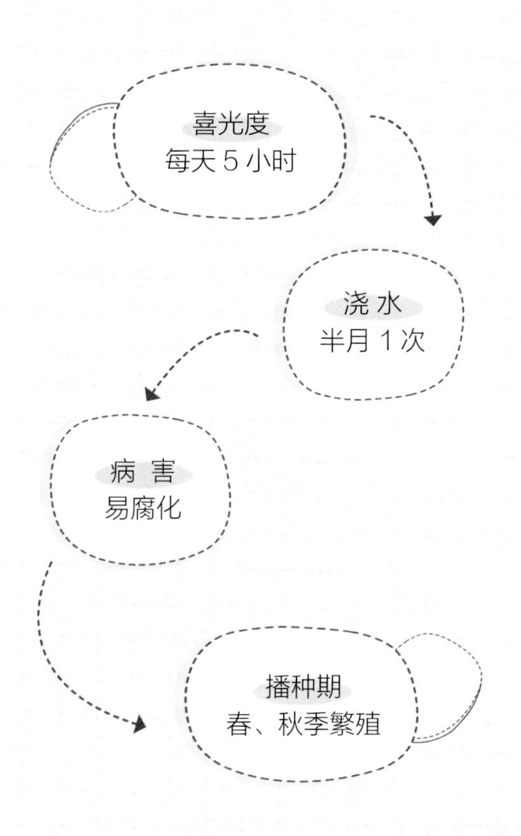

雪莲原生长在墨西哥瓦哈卡州边缘的峡谷中，由于当地干旱的气候和炎热的气温，带给了雪莲浅蓝色的叶表和白色的粉霜，光照中叶片上的颜色还会根据温度不同而变换成其他颜色，比如淡粉或者淡蓝色。喜温暖、耐干燥、不耐寒，适合的室内温度范围是 5~25℃。夏天高温或冬天低温都会使雪莲进入休眠状态，此时应该防晒防冻伤，平衡环境温度、通风透气，少浇水且避免淋雨。生长期中浇水要避开沾湿叶片，以免叶片上的白色粉质掉落，影响观赏度。

养肉小贴士：如何繁殖雪莲？

繁殖雪莲主要采用叶插或播种的方法。叶插要选择长势良好的饱满叶子，比如泛黄掉落的叶子就不具备很好的繁殖条件。将伤口自然风干后，平放于略潮润的盆土表面即可，培育的温度应在 20~27℃，且能保持阴凉、通风、透气，待生根之后就会长出新芽成为独立的新植株，过段时间便可上盆正常管理了。移盆的时候，要注意抹干净叶面的白色粉质。

昂斯洛

景天科

拟石莲花属

生长速度：一般

繁殖难度：一般

昂斯洛的美在于其极具变化的色彩，或粉嫩或青葱，像充满了糖果般的少女心，而晶莹剔透的叶瓣如同遮罩爱丽丝梦境的薄纱，让这样的美极具梦幻魅力。

昂斯洛的养护表

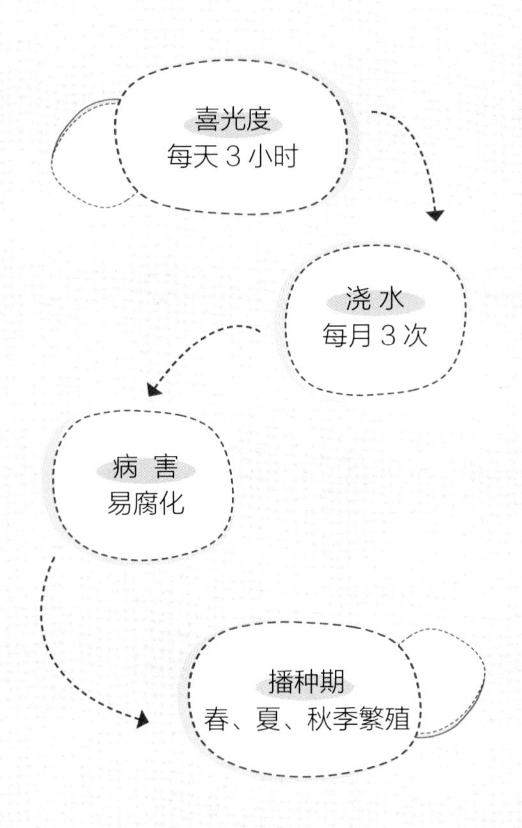

昂斯洛属园艺杂交品种，叶片成圆匙状，先端急尖，呈莲花状紧密排列。春末开花，可能同时抽生出几个花箭，穗状花序，小花钟型，橙色。昂斯洛的色系极其丰富，橙色、粉色、嫩黄色、嫩绿色均可达成，出状态的昂斯洛叶片像中心包拢，层层叠叠，配合其糖果般的色泽，真是美极了。没有状态的昂洛斯则叶片平摊，颜色也为普通的浅绿色，整体状态有点像薄叶版的白牡丹。

养肉小贴士：如何繁殖昂斯洛？

昂斯洛的繁殖，可在其生长期间掰取健壮完整的叶片进行扦插，将伤口自然晾放 1~2 天后，平放于稍潮湿的沙土上，很快便会在基部生出新根，并长出新的小芽，等到幼苗长稍大成为新的植株后，再上盆即可，同样用侧枝来扦插也能保证长成新的植株。另外，生长期时培育植株的温度应保持在 10~30℃。

旋叶姬星美人

景天科

景天属

生长速度：极快
繁殖难度：极容易

可以栽种于室内客厅、案几、窗台，于室外大量种植还能装饰庭院、家门、阳台，用来装饰空间是不错的选择之一。

旋叶姬星美人的养护表

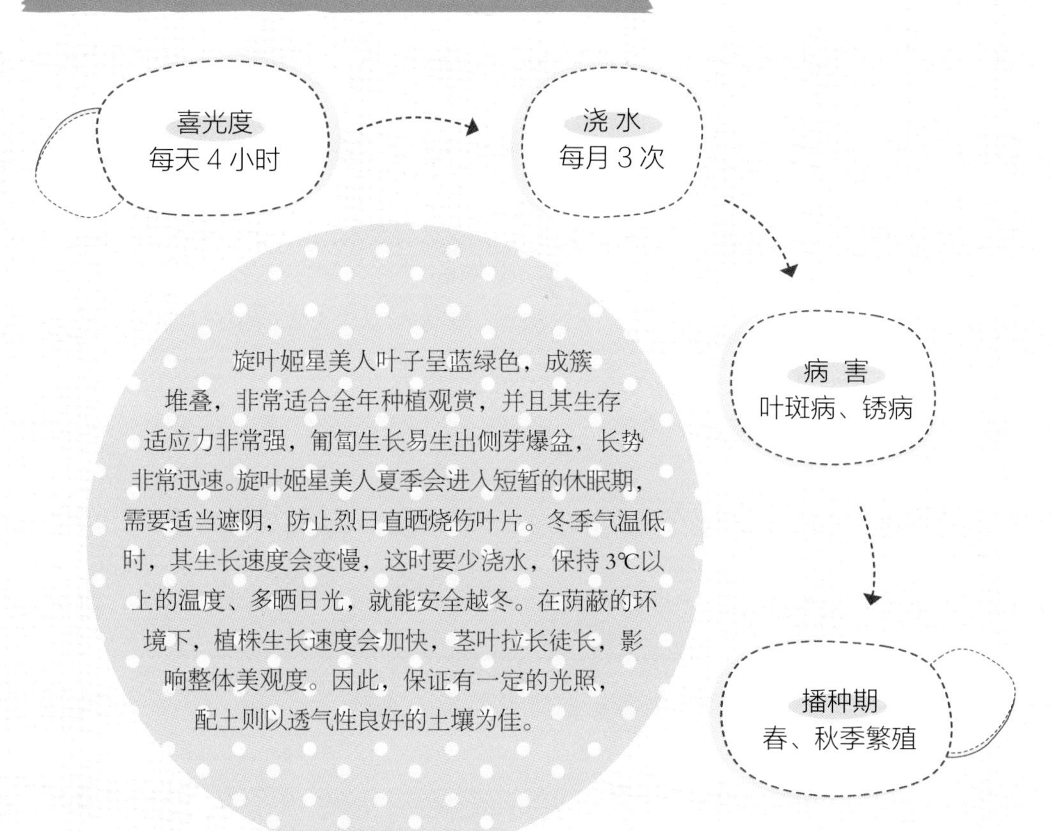

旋叶姬星美人叶子呈蓝绿色，成簇堆叠，非常适合全年种植观赏，并且其生存适应力非常强，匍匐生长易生出侧芽爆盆，长势非常迅速。旋叶姬星美人夏季会进入短暂的休眠期，需要适当遮阴，防止烈日直晒烧伤叶片。冬季气温低时，其生长速度会变慢，这时要少浇水，保持 3℃以上的温度、多晒日光，就能安全越冬。在荫蔽的环境下，植株生长速度会加快，茎叶拉长徒长，影响整体美观度。因此，保证有一定的光照，配土则以透气性良好的土壤为佳。

养肉小贴士：如何繁殖旋叶姬星美人？

繁殖旋叶姬星美人主要采用扦插和叶插的方式。扦插的做法是剪取生长良好且茎叶紧实饱满的分枝，5~7 厘米长，且有 3~4 对叶片为佳，对切口进行干燥处理后，便可插入沙床，培育过程中只要保持土表湿润即可，10 天左右便会发根。叶插可采用较成熟、叶质健壮的叶片，撒于盆土上，保持土表潮润，放于阴凉通风处养护，2 周后叶子基部就会长出新根成幼苗。

星影缀化

景天科

拟石莲花属

生长速度：较快

繁殖难度：极容易

长势繁茂的星影缀化总以欣欣向荣的姿态点缀着窗台、阳台、花圃，叶丛层层簇拥如花一般，清丽的颜色更增添了几分魅力，非常适合观赏用。

星影缀化的养护表

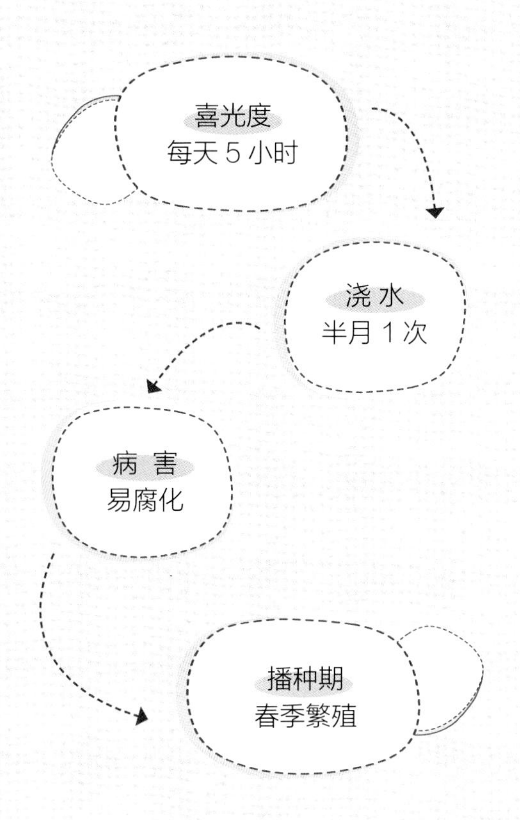

星影缀化在叶插繁殖中出现了缀化变异，大可不必担心这种变异现象，虽然它改变了星影植株的正常形态，但却使星影具有别样的新生美感，蓝绿色的叶片表面被少量的白粉覆盖，叶尖呈浅红色，其观赏价值也提高了不少。星影缀化耐寒、耐热、喜光照，夏季高温环境中，需要多注意遮阴并保持空气流通，过热会进入休眠期，此时应少给水。避免淋雨、盆土过潮湿、水肥太丰富，这些都会使星影缀化茎叶徒长，生长速度加快，影响观赏度。应选择透气排水良好的粗沙土培育，施水肥时还要注意保持叶面的清洁度。

养肉小贴士：如何繁殖星影缀化？

繁殖星影缀化可以采用扦插的办法，将剪下的分株插入沙土中即可。成为单独植株后，它在生长中并不一定会继续出现缀化，有可能会长成星影，所以要想保持原本的星影缀化，在选取分株的时候要挑明显且完整的缀化植株来繁殖，这样能保证缀化特征。叶插也可以繁殖星影缀化，且能保证缀化，但成活几率会比扦插降低许多。缀化是植株变异后的形态，所以生长时期养护要特别地用心。

巨人

景天科

拟石莲花属

生长速度：较快
繁殖难度：一般
放于家中养护非常好打理，和它的名字一样，能很好地生长且非常健壮，给人一种生机勃勃的感觉，还能吸收家居环境中过多的甲醛。

巨人的养护表

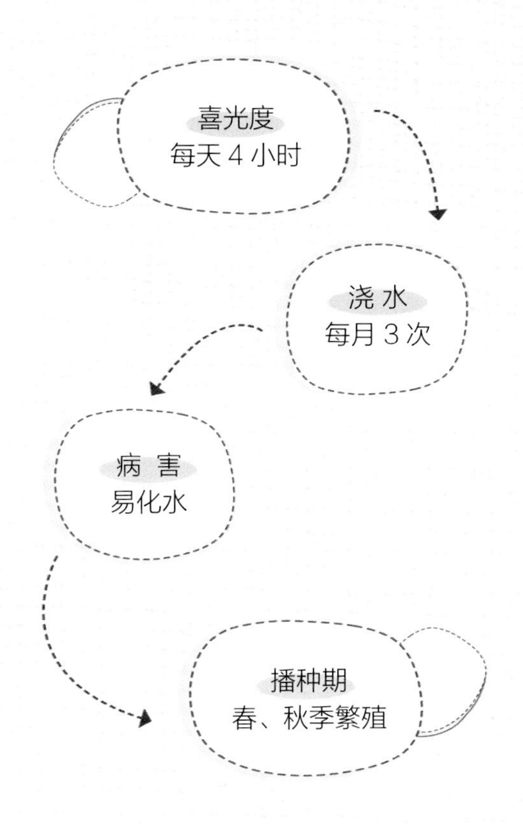

属于巨型石莲品种，且植株的叶子特别巨大，成株能生长到30厘米高，因此而得名巨人，也叫墨西哥巨人。叶子较厚，呈绿色，叶面上的白色蜡质很容易掉落，为了保持良好的观赏性，应尽量不去触碰或者沾到水。在秋、冬季，由于昼夜温差大，叶子会变红，非常好看，当然前提条件是必须要给充足的光照。能耐受5℃的低温，养护时注意保持盆土干燥，且保证日照。夏季高温会停止生长，此时要蔽日遮阴，保持养护环境通风、凉爽，雨季控水防积水，避免植株化水腐烂。生长期时10天施一次薄肥即可。

养肉小贴士：如何繁殖巨人？

繁殖巨型石莲巨人可以采用叶插、去顶、播种的方式。播种所用种子要与其他品种隔离并且是同株授粉，才能保证其品种纯正，播种后保持培育土壤湿润、空气流通且散射光照。叶插的时候要选长势优良的老叶，剪下后特别要注意伤口的处理，自然晾放风干，可以把叶片进伤口附近的蜡质擦掉，再放于盆土上，保持土表湿润即可。

多肉的种类简介

全世界的多肉种类就有一万余种，在植物分类上隶属几十个科，可谓是一个大家族。下面，多肉达人伟伟教你认识多肉最常见的科属。

菊 科

【释义】菊科的多肉特点：性喜温暖和阳光充足的环境，怕水湿，忌强光曝晒，夏季中午需要遮光。菊科植物有千里光属和厚敦菊属，其中千里光属包括蓝松、珍珠吊兰和新月等，厚敦菊属包括蛮鬼塔等。

景 天 科

【释义】景天科的多肉特点：喜欢强烈的阳光，不怕太阳暴晒，只要温度低于35℃都可以接受。其植物常有肥厚、肉质的茎、叶，由于矮小抗风，好养护、耐污染。主要的品类包括景天属的八千代、石莲花属的雪莲、莲花掌属的黑法师等。

番 杏 科

【释义】番杏科植物主要分布在非洲的南部，在澳大利亚等地也有少量分布。常见的番杏科多肉有生石花等。其中生石花属的特点是，植物高度肉质化，对生叶连在一起，顶部有较长裂缝，表皮颜色多为米色、棕色或红褐色等，常具有斑点状或枝状花纹。

龙 舌 兰 科

【释义】龙舌兰科植物主要分布在热带和亚热带地区，植物有根茎，根短或者很发达，叶子常常聚生于茎的基部，通常厚或肉质。龙舌兰科植物有龙舌兰属和虎尾兰属，其中龙舌兰属包括雷神、虚空藏、普米拉等。

鸭 跖 草 科

【释义】鸭跖草科植物主要分布在热带地区，多年生草本植物，叶互生。常见的多肉种类有鸭跖草属和银毛冠属，其中鸭跖草属包括白雪姬、重扇和白雪姬锦，银毛冠属包括银毛冠。

大 戟 科

【释义】大戟科植物广布于全球，是双子叶植物，植株含白色乳汁。常见的多肉种类有大戟属、麻风树属、翡翠柱属等。其中大戟属中的多数种类的茎有棱，棱缘有的具刺，但无刺座。麻风树属的茎膨大，叶大型，全缘或掌状分裂。翡翠柱属的株型多变，大小不一，具肉质圆柱形或棱柱形的枝。

萝 藦 科

【释义】萝藦科主要分布在热带和亚热带地区，萝藦科植物作为多肉植物中不可或缺的一大类观赏品种，以形态各异的株型、千姿百态的花型、色彩斑斓的花色，展现了大自然的神奇一面。主要包括的多肉有爱之蔓等。

百 合 科

【释义】常见的百合科多肉植物有十二卷属和鲨鱼掌属。十二卷属矮小丛生，无茎，叶多为莲花状排列，稀为两列横向叠生。叶质有柔软和坚硬两种，有的种类叶端透明，例如玉露、宝草等。鲨鱼掌属具有能够贮藏较多水分的叶片，无茎，带状，先端渐尖，例如有玉扇、子宝等。

薯 蓣 科

【释义】薯蓣科植物为缠绕草质或木质藤本，少数为矮小草本。地下部分为根状茎或者块茎，其形状多样。常见的多肉植物有薯蓣属的龟甲龙，其最大的特点是巨大的软木状的块茎，在原生地生长，其直径可以超过 1 米，一株茎块直径为 50 厘米的龟甲龙，可能已有 75 岁或以上的年龄。

仙 人 掌 科

【释义】仙人掌科多为多年生草本植物，主要原产于美洲热带、亚热带沙漠或干旱地区。其植物的茎肉质，呈球状、柱状或扁平，茎上有特殊刺座，其上生着刺、毛、腺体等。仙人掌拥有外刚内柔之心，所以它的花语是——坚强。

Chapter 3

观赏级别 小巧精致的美丽多肉

体型小巧的多肉有千百种的色彩与姿态，这也是它们博得人们喜爱的原因。如果你是一个多肉发烧友，挑选一些观赏级别的多肉，用精致的多肉装点家中，是非常不错的选择！

静夜

景天科

拟石莲花属

生长速度：较慢

繁殖难度：一般

石莲花中的迷你款，在光照充足的情况下叶尖会变红叶片，颜色也会变得艳丽，加上娇小的个头，甚是惹人喜爱。

静夜的养护表

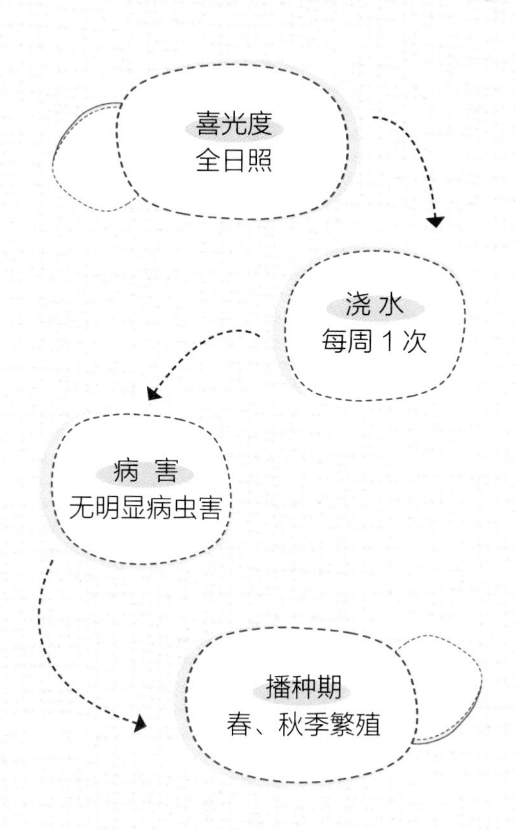

极易群生的迷你小型石莲花，耐寒、耐旱、怕潮、怕热、喜光照。光照充足时，叶尖会呈红色或深红色，缺少光照则叶子颜色会变浅嫩绿色，形状也会变长，整株表面光滑不易积水。夏天高温暴晒会进入休眠状态，此时应适当遮阴，少浇水避免潮湿。冬天能耐受零下 2℃的室温，若温度再降低，叶片顶端将会出现冻伤，5℃以下可断水。养护期间没有明显的病虫害，若是用药要注意避开接触叶片，静夜对于药物比较敏感。

养肉小贴士：如何繁殖静夜？

一般采用叶插或者扦插。静夜是比较容易繁殖和群生的多肉，叶插的方法是取完整的叶子置于阴凉处，待伤口晾干后再放到潮润的土表上，等到长根发芽后就可以上盆了。静夜长根的过程稍微有点长，并且在发芽过程中会生出许多小侧芽，长大后的侧芽能直接取下扦插，不过成活率不是很好，不一定都能长出新根。

保利安娜

景天科

拟石莲花属

生长速度：一般

繁殖难度：较容易

保利安娜拥有美丽的外形，色彩鲜艳的它在多肉中十分抢镜。它的叶片表面是绿色的，背面是如火焰般的红色，叶缘被大红色围绕，极具个性。

保利安娜的养护表

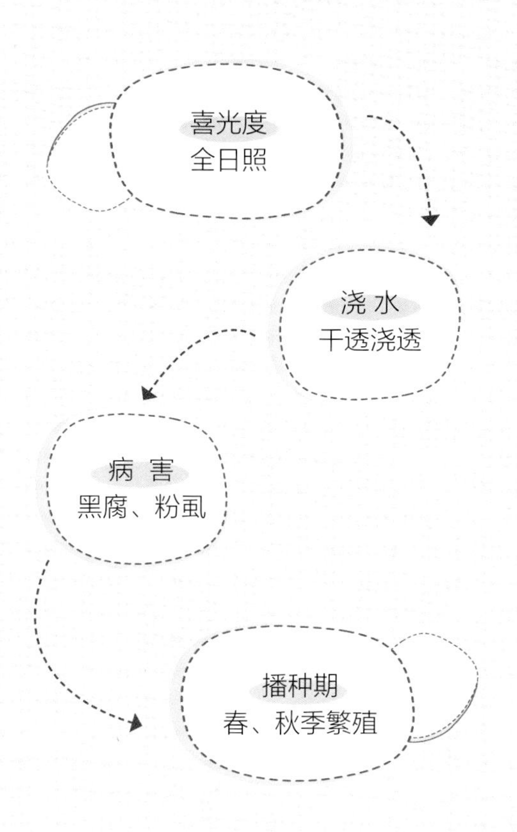

保利安娜正常生长能长到 4~5 厘米的大小。其在温差较大的季节，叶片会变成深深的红褐色，若在光线不足的地方放置，虽然也能正常生长，但是其茎会拔高而柔软，色彩也会比较平淡，就不如在阳光充足的地方生长得那么鲜艳夺目。在春、秋生长季节，盆土要干透后再浇水。夏天种植的时候，要注意不能频繁浇水，否则将极易引起积水导致腐烂。冬季要放置在室内的向阳处。

养肉小贴士：如何繁殖保利安娜？

繁殖保利安娜的时候可以选择叶插的方式。取一片厚实的叶片并将它平放好，很快就会长出根须并发芽，但生长成独立的植株，还是需要相当长的一段时间，因此要控制好土壤中的含肥量。春、秋季节是保利安娜长势最美的季节，在夏天栽培的时候，还是要多注意遮阴和减少浇水。

丸叶姬秋丽

景天科

风车草属

生长速度：一般
繁殖难度：极容易
丸叶姬秋丽的叶片非常精致、小巧迷人，粉嫩的颜色如玉石一般精美，养在客厅或是窗台都能吸引眼球，美化点缀空间。

丸叶姬秋丽的养护表

养肉小贴士：如何繁殖丸叶姬秋丽？

繁殖丸叶姬秋丽可以采用扦插或叶插的方式进行，生长率都比较高。选取饱满度高且完整的叶片，处理好伤口后平放于盆土上，只要保持土壤潮润，就能使它生根发芽，等到长成新的植株后，移盆种植即可。扦插则选择将植株萌发的小分株取下插入沙土中，水量控制同叶插一样，只要注意保持沙土疏松即可。

女雏

景天科

拟石莲花属

生长速度：一般

繁殖难度：较容易

女雏，娇嫩的叶瓣呈莲花状紧密排列，一如其名给人楚楚动人的感觉，似乎就是个轻声细语、惹人怜爱的小萝莉，让人心疼，想呵护在手心。

女雏的养护表

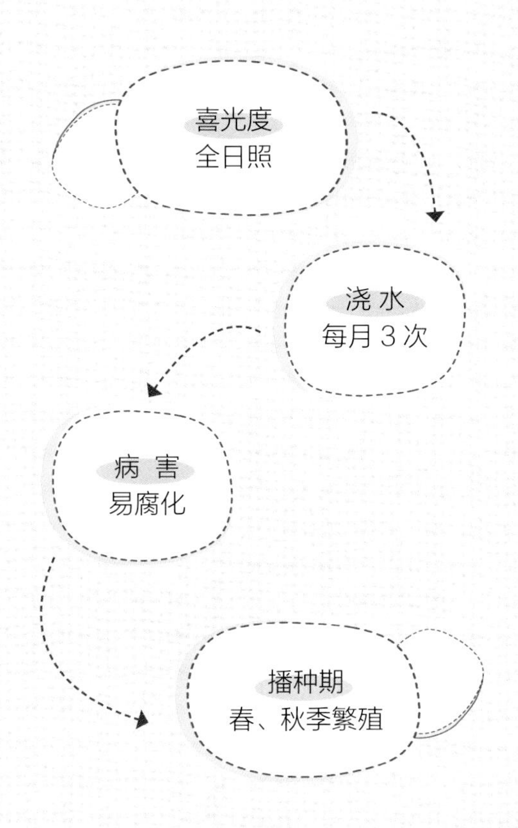

在秋、冬季的时候，女雏的叶尖会呈现绮丽的粉红色，放置在干燥地方的话，颜色会更加鲜艳美丽。迷你娇小的体型加上春、秋季的粉色调，很是惹人喜爱，很适合小型组合盆栽，生长速度比其他石莲花快，也可以尝试让枝干木质化后单独栽培造景，群生速度非常快。培养女雏一定要谨记干燥后才浇水，整个夏季的休眠期少水或不给水，到了9月中旬温度降下来了，就开始恢复浇水，冬季温度保持在0℃以上，都是可以给水的，低于0℃就要断水，否则容易冻伤植株。

养肉小贴士：如何繁殖女雏？

繁殖女雏比较简单，可以采用叶插和播种的方法。叶插全年可以进行，掰取饱满紧实的叶片，自然晾干伤口，放于盆土上保持一点潮湿即可使它发根、发芽，若叶质变软大可不必担心，只要正常给足适量水即可恢复硬度。播种的时间最好选择在春、秋季，温暖的气候能使种子快速萌发，长势良好。

雪天使

景天科

拟石莲花属

生长速度：一般
繁殖难度：较容易

将肥厚可爱的雪天使种植在精致花盆里，或与其他多肉组成组合盆栽，放于书桌或是窗台处，给生活带来趣味和活力的同时，也增添了几分玲珑文雅的气息。

雪天使的养护表

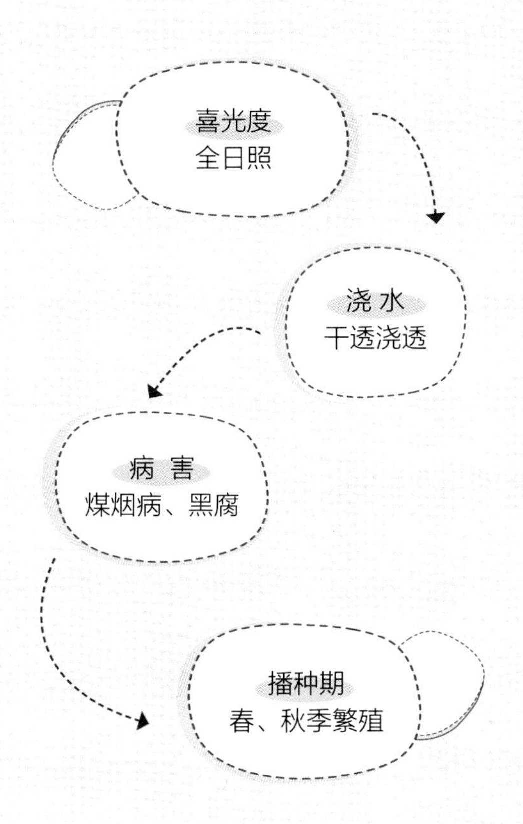

雪天使叶片呈现匙形，厚质，叶上覆有白色的粉末。雪天使喜欢温暖、干燥、通风及有充足阳光的生长环境，夏天高温时要给其适当遮阴，避免被强烈的紫外线灼伤。冬季雪天使能耐受5℃的气温，光照不足时，应该保持盆土不要过于潮湿。生长期也要给予其充足的光照，避免直接被雨水淋湿，下雨天要将其移至室内躲雨，浇水时也要避开叶片，若水滴聚留于叶面，会有水渍形成，不仅影响观赏度，甚至会造成叶片腐烂。

养肉小贴士：如何繁殖雪天使？

雪天使可在生长期采用叶插的方式来繁殖，选择生长良好的叶片或是健实的老叶皆可，叶面朝上、叶背朝下，平放于沙土上，不用覆土，然后放于阴凉通风处，不可直接浇水，只需保持土面的潮湿度和盆面干燥，即可使它发根长芽。

山地玫瑰

景天科

莲花掌属

生长速度：一般

繁殖难度：较容易

嫩黄绿色的叶片层次叠生出玫瑰状，就像即将绽放的“玫瑰花苞”，极富联想力的名字和迷人样子，颇受众人欢迎。

山地玫瑰的养护表

养肉小贴士：如何繁殖山地玫瑰？

繁殖山地玫瑰可采用播种和分株的方式进行。播种应在生长期旺盛的秋季进行，将种子撒于疏松的盆土表面，放置在阴凉通风处，期间保持土壤潮湿即可，5~10 天种子就会萌发新芽，过于密集的种子要及时移苗，避免过于拥挤影响生长。分株的方式则是剪下侧芽，并等到伤口风干后，放于盆土中栽种培育，在生长期一般都能顺利成活。

黄金薄雪万年草

景天科

景天属

生长速度：极快
繁殖难度：极容易

黄金薄雪万年草是一种清秀典雅、富有野趣的小型多肉植物。可用小盆栽种、点缀于阳光充足的庭院、阳台、窗台等处，自然清雅，给人们带来绿色的好心情。

黄金薄雪万年草的养护表

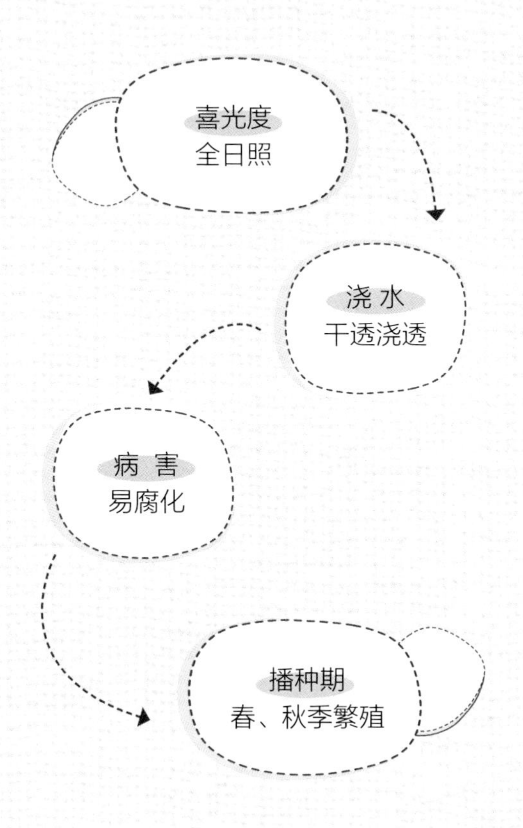

黄金薄雪万年草广布南欧至中亚地区，喜欢阳光充足的环境，怕热耐寒。叶片棒状，表面覆有白色蜡粉，叶片密集生长，茎部的下位叶容易脱落。除了夏季外，在生长期可以全日照，浇水遵循“不干不浇，浇就浇透”的原则。在长期不浇水的情况下，叶片会明显萎缩。夏季浇水要避免盆土积水造成植株的腐烂，并保持良好的通风环境。冬季温度低于5℃要逐渐断水，也可以放置在室内光照充足的地方种植，以免植株出现冻伤或干枯死亡。

养肉小贴士：如何繁殖黄金薄雪万年草？

黄金薄雪万年草的繁殖一般采用分株的方式进行，将丛生的植株分开后，分别栽种即可。也可以在植株生长的季节进行扦插，插穗的长短要求不严，粘土就能生根成活。土壤尽可能选择透气疏松、排水性良好的介质进行栽培。生长期间要保持土表湿度，浇水过多会导致腐烂。

娜娅小精灵

景天科

拟石莲花属

生长速度：一般

繁殖难度：较容易

洋气的名字加上独特的外形，以及个性的叶色，摆在客厅中不仅能点缀空间，还能吸引到访宾客的眼球，增添生活乐趣。

娜娅小精灵的养护表

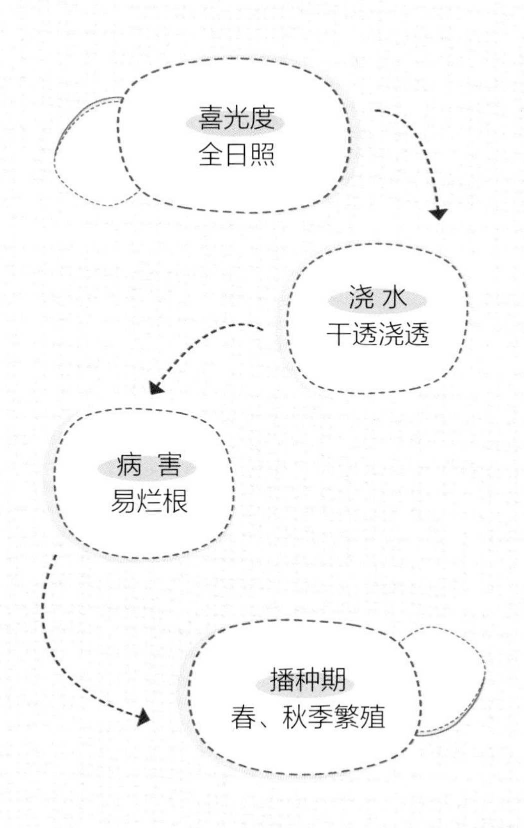

娜娅小精灵喜欢凉爽、干燥、阳光充足的生长环境，不耐寒，怕高温，忌水涝。养护温度可以保持在16℃~26℃，夏天的烈日会把叶片灼烧至伤，应做50%遮光处理，保持通风阴凉，方能让娜娅小精灵很好地度过炎夏。深秋和早春是植株生长旺盛的时期，要求保证充足的阳光和较大的昼夜温差。温度最高的时候要减少浇水量，注意不要让水积蓄在植株基部，应保持盆土疏松方便排水，以避免根部腐烂导致植株死亡。

养肉小贴士：如何繁殖娜娅小精灵？

繁殖娜娅小精灵一般采用扦插、分株和播种的方式。可剪取带有顶部叶丛的侧枝，去掉下部叶片，然后插入素沙土中待生根。也可以叶插，将叶片剪下，叶面朝上、叶背朝下，平放于沙土上，不用覆土，然后放于阴凉通风处，待叶片的基部长出根须、发出新芽，再将它埋入土中即可。

卡罗拉

景天科

拟石莲花属

生长速度：一般

繁殖难度：极容易

卡罗拉在外形上与吉娃娃有几分相似，但是普及程度比吉娃娃要低很多，整株植株的形状就像盛开的花朵，娇艳美丽，惹人怜爱。

卡罗拉的养护表

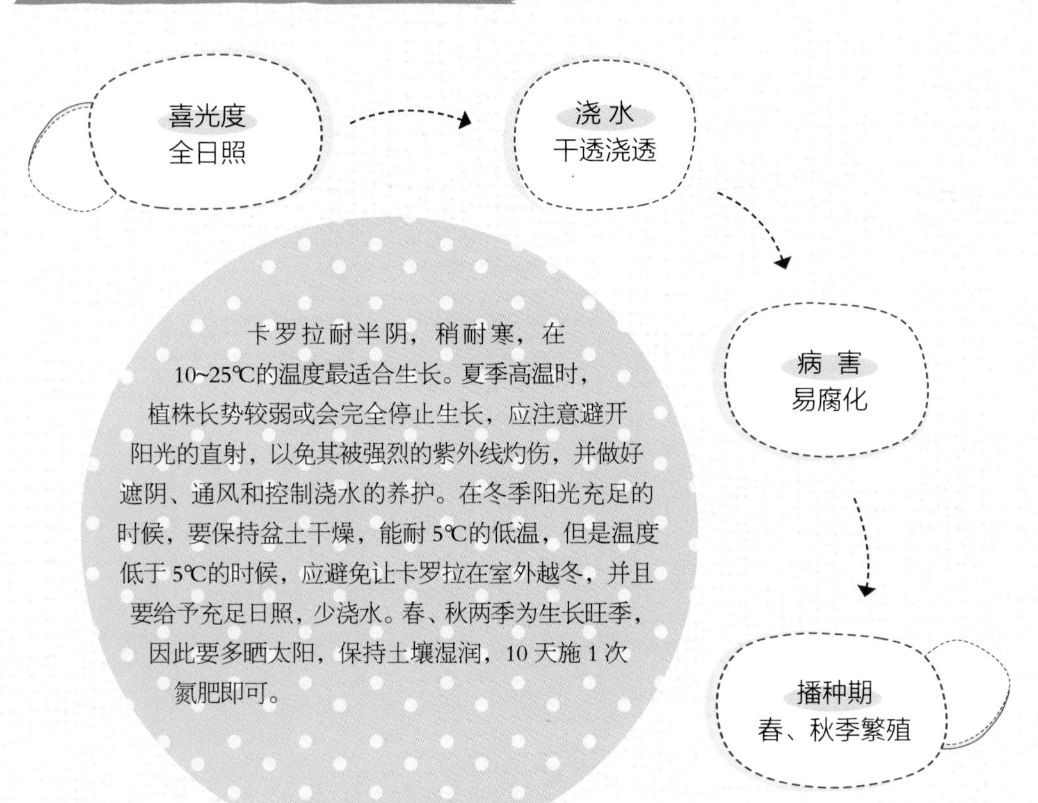

养肉小贴士：如何繁殖卡罗拉？

因为卡罗拉不太容易长侧芽，所以在繁殖时可以采用砍头繁殖或播种繁殖。最适繁殖的土壤应疏松透气，且具有良好的排水性，盆土积水量过多会导致植株基部化水致腐烂。在生长期中为避免受到害虫的侵害，要特别注意观察和养护，若出现病虫害应及早处理，减少威胁。

月影之宵

景天科

拟石莲花属

生长速度：一般

繁殖难度：较容易

覆盖有白色粉质的叶片表面呈现出蓝绿层次分明的颜色，样子十分美丽可人，用来点缀书桌、窗台最合适不过了。

月影之宵的养护表

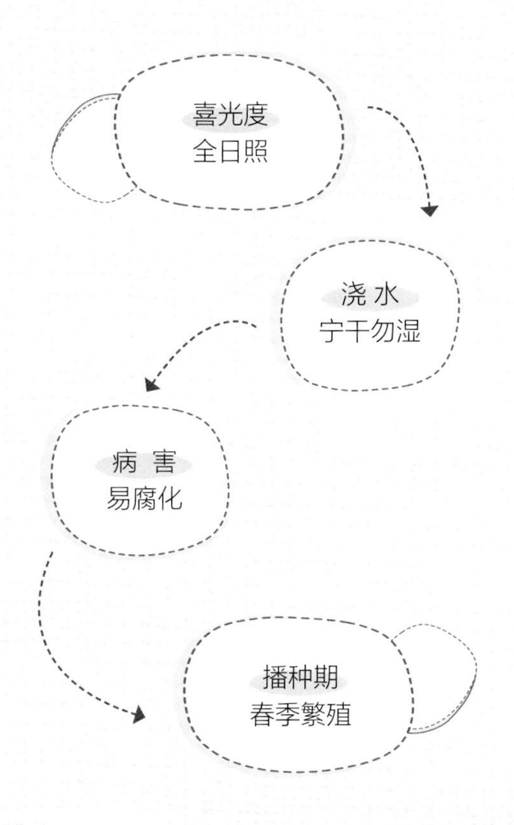

月影之宵的卵形叶尖端厚，新叶先端有小尖，叶片紧密呈环形排列，整个植株叶片微微向叶心合拢，叶面平，叶背有轻微棱，非圆形。叶面光滑有微白粉，叶缘半透明，看起来像白边，植株衬托叶片上的白粉，显得尤为可爱。冬天温度低于3℃就要逐渐断水，0℃以下要保持盆土干燥，尽量少浇水，否则容易烂根。浇水不要浇到叶心，否则会烂心。栽培应以透气性好的土壤为主。

养肉小贴士：如何繁殖月影之宵？

月影之宵的繁殖方式有播种、分株和砍头等。在使用分株进行繁殖时，剪下的分株要放于通风处，自然风干是最好的处理伤口的办法，而母株上的切口也要注意处理，使之风干时不要接触到水，以免造成腐烂。培养的盆土中间挖一个适合分株大小的浅坑，再将风干后的分株放入，等待长出新根即可。生长时期不能是直射光，应采取散射光照，并且置于空气流通处。景天科较耐旱，所以可以等到伤口愈合长出新根才正常给水。

艾格尼丝玫瑰

景天科

拟石莲花属

生长速度：一般

繁殖难度：极容易

长势繁茂的艾格尼丝玫瑰总以欣欣向荣的姿态点缀着窗台、阳台、花圃，叶丛层层簇拥如花一般，清丽的颜色添加了几分魅力，非常适合用来观赏。

艾格尼丝玫瑰的养护表

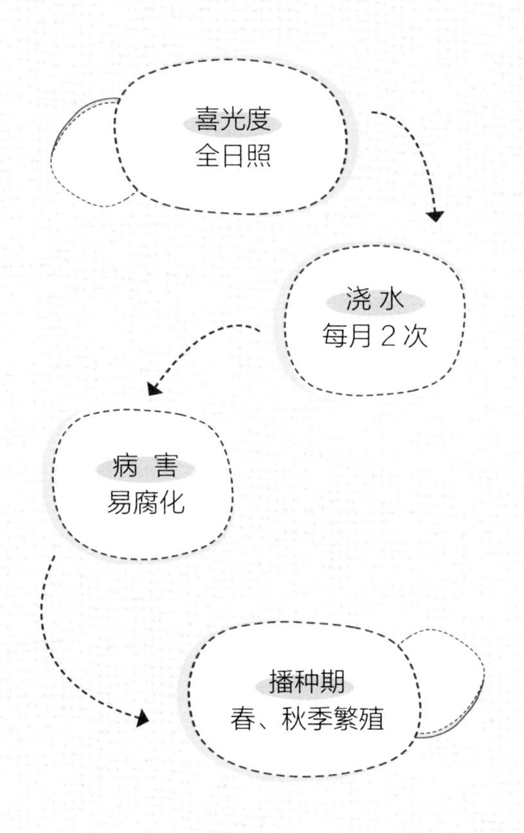

艾格尼丝玫瑰喜欢温暖、干燥和通风的生长环境，耐旱、耐寒、生长力旺盛。春、秋两季是其生长期，最宜生长的温度在 15~28℃，冬季建议不低于 5℃。生长期可以充分浇水，浇水时不要向叶面和叶心浇水，以免积水腐烂。夏季高温环境中，需要多注意遮阴并保持空气流通，过热会进入休眠期，此时应少给水。选择透气排水良好的粗沙土培育，施水肥时，要注意保持叶面的清洁度。

养肉小贴士：如何繁殖艾格尼丝玫瑰？

繁殖艾格尼丝玫瑰可以采用扦插的办法，可在生长期间用掰取成熟而完整的叶片进行叶插，掰取后晾干 1~2 天后，稍稍倾斜或者平放于蛭石或沙土上，保持稍有潮气，很快就会在基部生根，并长出新芽。等新芽长得稍大些，另行栽种即成为新的植株。还可以用老株旁边萌发的幼株扦插，也容易成活。

粉色回忆

景天科

拟石莲花属

生长速度：较快
繁殖难度：一般

粉丝回忆在色泽上呈现出粉色，别具一格，有一种俏皮可爱的感觉，用来装点阳台和书桌，能增添活泼趣味。

粉色回忆的养护表

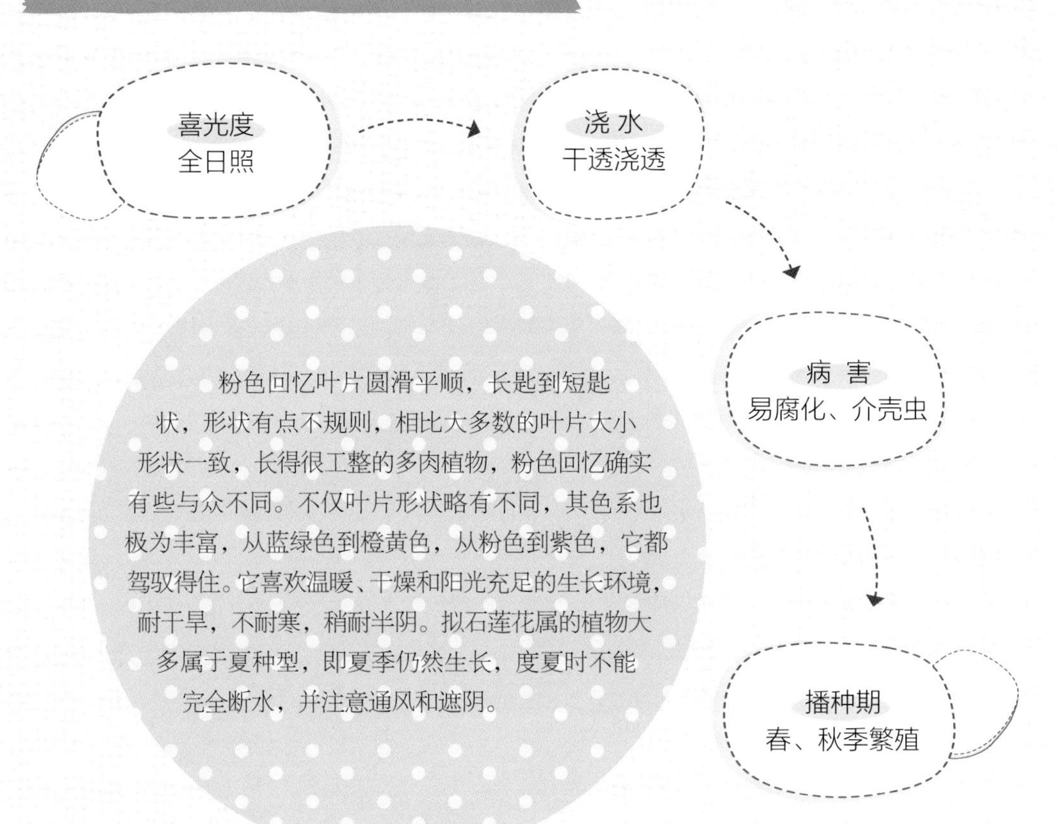

粉色回忆叶片圆滑平顺，长匙到短匙状，形状有点不规则，相比大多数的叶片大小形状一致，长得很工整的多肉植物，粉色回忆确实有些与众不同。不仅叶片形状略有不同，其色系也极为丰富，从蓝绿色到橙黄色，从粉色到紫色，它都驾驭得住。它喜欢温暖、干燥和阳光充足的生长环境，耐干旱，不耐寒，稍耐半阴。拟石莲花属的植物大多属于夏种型，即夏季仍然生长，度夏时不能完全断水，并注意通风和遮阴。

养肉小贴士：如何繁殖粉色回忆？

粉色回忆一般以叶插繁殖的方式为主，剪下完整的一片叶片置于阴凉处，待伤口干燥后，放在土表上，过几天后就会发出新芽，长出新植株。此外它很容易群生爆盆，容易形成老桩。生长期的养护要注意避免淋雨，浇水的时候也要避开叶片，从盆边缘缓慢注入少量水量即可，过多的水分积蓄在叶表或植株根部，都会使之易腐烂。

晚霞之舞

景天科

莲花掌属

生长速度：较慢
繁殖难度：一般
就像它的名字一样，带有晚霞一般的紫粉色叶片，非常惹人喜爱，独特的叶片覆盖满盆，色彩绚丽得让人着迷。

晚霞之舞的养护表

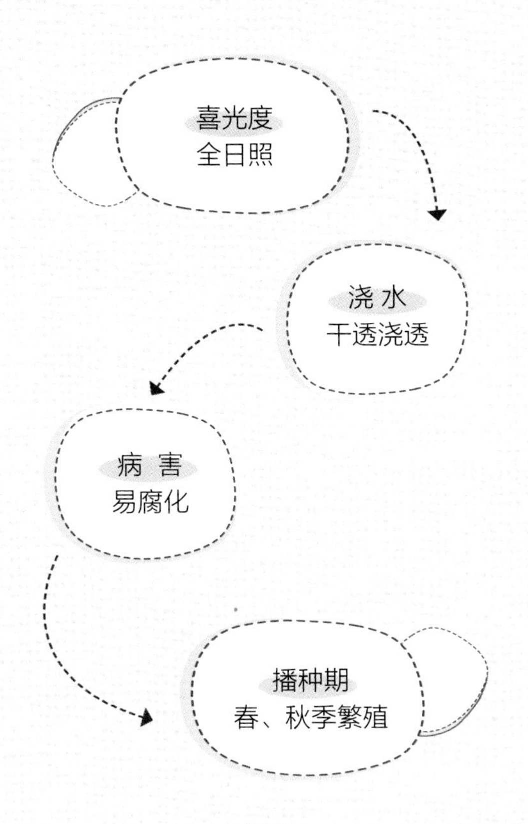

晚霞之舞的叶片紧密环形排列，棱角分明。叶面光滑，叶尖到叶心可以看到有轻微的折痕，叶缘非常薄，有点像刀口，微微向叶面翻转。叶缘会发红，叶片微蓝粉色或者浅紫粉色，新叶有点偏蓝，老叶就像晚霞一样漂亮。夏季，晚霞之舞会进入休眠期，需要给其通风、遮阴的生长环境，除了正常浇水外，少量在盆边给水，可以保证植株根系不过度干枯。冬季温度低于3℃时就要逐渐断水，尽量少给水，否则容易烂根。

养肉小贴士：如何繁殖晚霞之舞？

繁殖晚霞之舞的方法有播种、分株、砍头等方式。可以取健康有生长点的枝条，晒干伤口后扦插，也可以直接扦插在干的颗粒土中，几天后少量给水。晚霞之舞在扦插的时候需要注意，土不能太过湿润，否则容易烂茎。如果打算收集种子，植株需要异株授粉。

白线

景天科

拟石莲花属

生长速度：一般
繁殖难度：一般
白线的叶片排列成莲座状生于短缩茎上，倒卵匙形，小巧迷人，粉嫩的叶尖使叶片看起来更加精致，养在客厅或是窗台都能吸引眼球，美化点缀空间。

白线的养护表

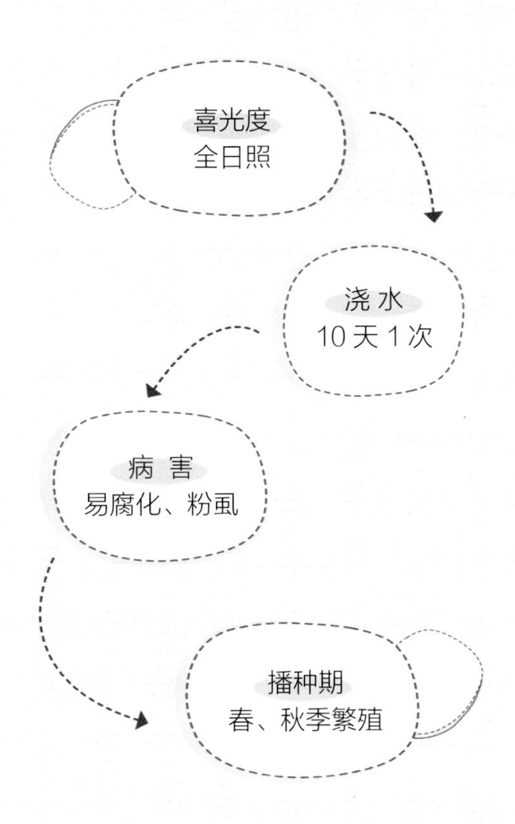

原产于中美洲的半沙漠地区。多数拟石莲花属来自高海拔地区，只要能保证良好的空气流通以及早晚的高温差，就能造就它们美丽的色彩。白线喜欢通气、凉爽、干燥且光照充足的环境，冬季0℃以下会造成植株冻伤甚至死亡，室内养护最好保持5℃以上的气温。夏季高温时，要注意保持通风、减少水量，必要时断水处理，防止暴晒造成的叶片损伤。通常选择疏松、透气、排水良好的土壤进行培养，水肥的用量不可多，否则会使植株生长过快，影响观赏度。

养肉小贴士：如何繁殖白线？

繁殖白线可以采用叶插的方式进行，生长率比较高。选取饱满度高且完整的叶片，处理好伤口后平放于盆土上，只要保持土壤潮润，就能使它生根发芽，等到长成新的植株后，移盆种植即可。还可以用老株旁边萌发出来的幼株进行扦插，也较容易成活。

蜡牡丹

景天科
拟石莲花属

生长速度：一般
繁殖难度：较容易
蜡牡丹叶片肉质厚实，排列紧密成莲花状，犹如一朵盛开的微型牡丹花，将它们放在干燥、阳光充足的窗台和阳台点缀尤为出彩。

蜡牡丹的养护表

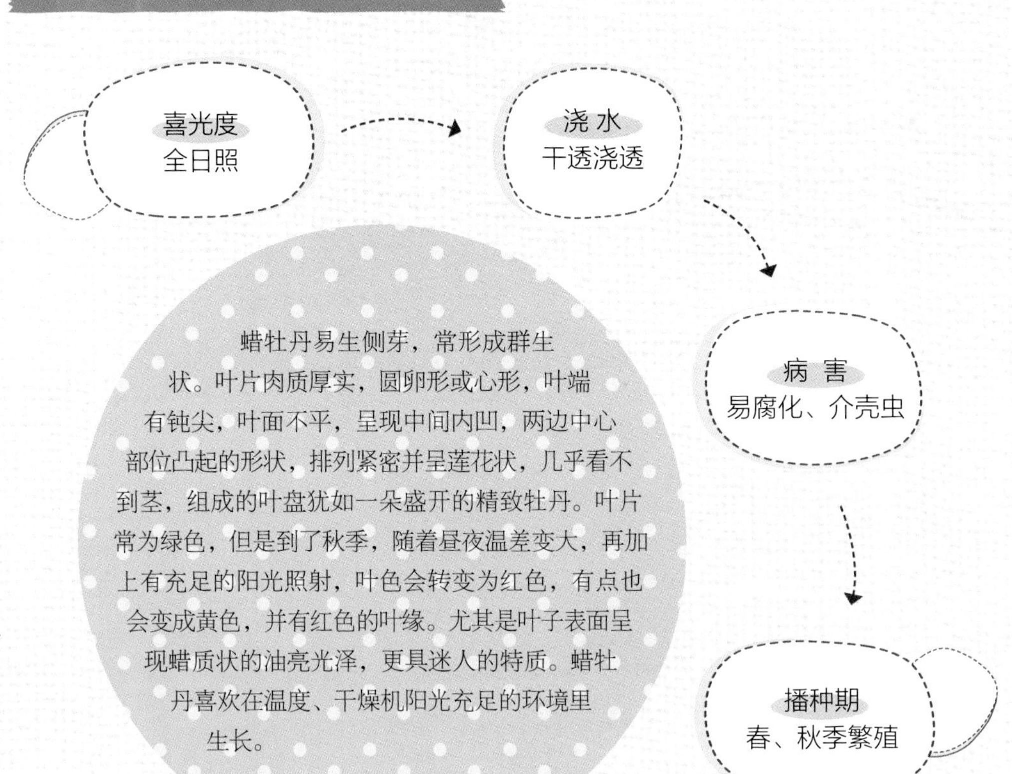

蜡牡丹易生侧芽，常形成群生状。叶片肉质厚实，圆卵形或心形，叶端有钝尖，叶面不平，呈现中间内凹，两边中心部位凸起的形状，排列紧密并呈莲花状，几乎看不到茎，组成的叶盘犹如一朵盛开的精致牡丹。叶片常为绿色，但是到了秋季，随着昼夜温差变大，再加上有充足的阳光照射，叶色会转变为红色，有点也会变成黄色，并有红色的叶缘。尤其是叶子表面呈现蜡质状的油亮光泽，更具迷人的特质。蜡牡丹喜欢在温度、干燥机阳光充足的环境里生长。

养肉小贴士：如何繁殖蜡牡丹？

繁殖蜡牡丹主要采用枝插的方式，在春、秋季的时候将蜡牡丹母株上的侧枝剪下，并放于土表上，即可使之生长。培养的土壤要具备良好的透气性、排水性和疏松度，环境条件要求通风和散射光照，等到长成为新的植株后，移盆正常浇水和光照即可。

里加

景天科

拟石莲花属

生长速度：较快

繁殖难度：一般

里加在充分接受光照后，植株会更加紧实饱满，叶片呈现出血斑，有一种饱经沧桑的感觉，可置于家中以供观赏。

里加的养护表

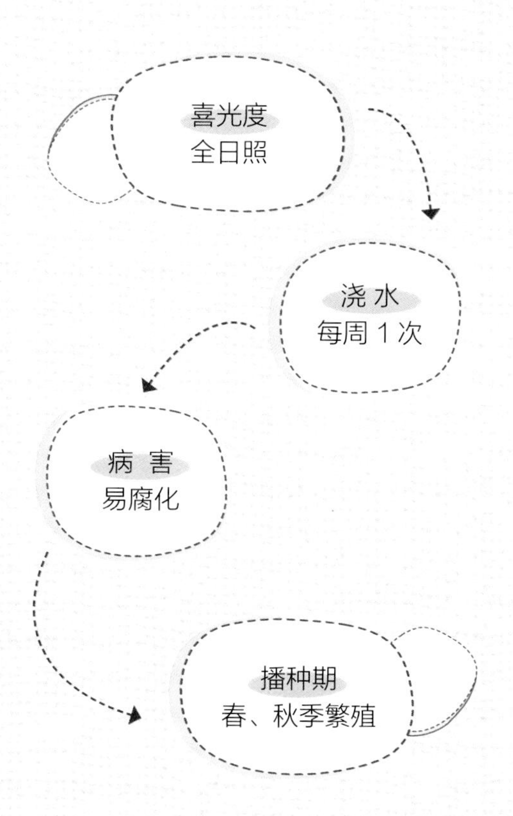

里加的叶子比其他的石莲花品种要薄，黄绿色，叶缘红色。阳光充足、昼夜温差较大的时候，老叶容易出现血斑，是里加的一大特色。里加生长速度比较快，易养出老桩。春、秋季是里加的生长期，它们喜欢在光照充足、通风良好、干燥凉爽的环境中生长。夏天高温会休眠，通风遮阳，每周可以在土表喷上少量的水，防止根死亡。冬天温度低时，要逐渐断水，保持盆土干燥，提高植株的抗寒能力。浇水时要注意避免让水过于积蓄以致腐烂，一般用透气疏松的土壤培养即可。

养肉小贴士：如何繁殖里加？

一般采用扦插和叶插的方式来繁殖里加。扦插切取分株后，直接置于干燥的土表上即可，等待发根后能少量给水。叶插则是取下紧实完整的叶片，放到阴凉处晾干伤口上的水分后，再平放于潮润的土表让其发根即可。

克利夫兰四叶草

景天科

长生草属

生长速度：一般
繁殖难度：一般
克利夫兰四叶草可以用小盆或吊盆栽种，吊于窗台或是置于书桌、案几、阳台、客厅处，明丽秀美的植株既能装点居室环境，又能净化空气。

克利夫兰四叶草的养护表

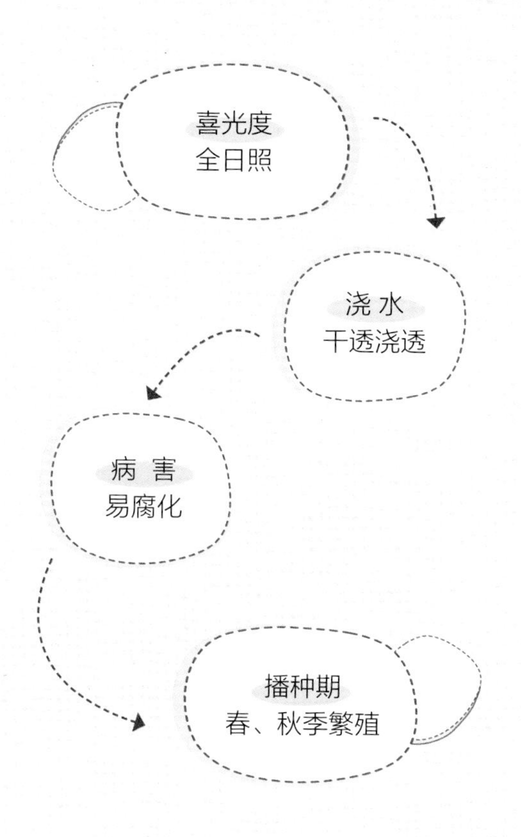

克利夫兰四叶草喜欢在光照充足、通风良好、干燥凉爽的环境中生长，待土壤干透后便浇透一次水，应选择疏松透气、排水良好的土壤培养，以避免盆土积水过多导致根部腐烂，叶片脱落。春、秋季生长期中可适当施加肥水，只要有少许养分便可使之长势良好。夏、冬两季极热极寒的气温都会对克利夫兰四叶草的生长造成影响，应避开夏日暴晒，维持5℃以上室温，保持盆土干燥，就能很好养护。

养肉小贴士：如何繁殖克利夫兰四叶草？

克利夫兰四叶草主要采用叶插的方式繁殖。在生长期，剪下完整的一片叶片，置于阴凉处，待伤口干燥后，放在土表上，过几天后就会发出新芽，长出新植株。生长期对于环境的要求是保持空气流通、散射光照，就能很好地长成新的植株，成长完成后就可以正常施肥浇水了。

克洛伊

景天科

拟石莲花属

生长速度：一般

繁殖难度：较容易

克洛伊的叶片呈现出小巧可爱的形态，光照充足时叶尖会出现红色，透出俏皮感，甚是讨人喜欢。

克洛伊的养护表

克洛伊喜欢光照充足、空气流通的环境。充足的光照条件下，叶尖顶部的红色就会越明显，叶子更紧实饱满。春、秋季生长繁殖较快时，应保持土壤的湿度，可适当增加水肥量，但要避免叶片和根部积水，否则易导致烂心腐化。比较适宜在室内光照条件充足的地方种植。夏季高温时要散射光照，冬季5℃以下会进入休眠，休眠期时只要保持土壤潮润，在盆边注入少量水分即可，不需要大量浇水。若放置于窗台、阳台处养护，要注意避免让其淋雨以致腐烂。

养肉小贴士：如何繁殖克洛伊？

克洛伊可以采用叶插方式，在春、秋季节繁殖最佳。叶插的方式可选取饱满紧实的叶片，平放置于土壤上，用手指轻轻将叶片按压，稍微陷入土壤中即可，然后在半阴环境中养护，20天左右就会发根，待到长出叶片时便可上盆栽培。培养过程中应选择具有良好通透性且土质新鲜的土壤。

妮可莎娜

景天科

拟石莲花属

生长速度：一般

繁殖难度：一般

穿着绿色外衣且次序紧密排列的叶子层层组合，加上叶缘的红色和叶背的红斑将它粉饰得更加高贵，带出些许贵族风范。

妮可莎娜的养护表

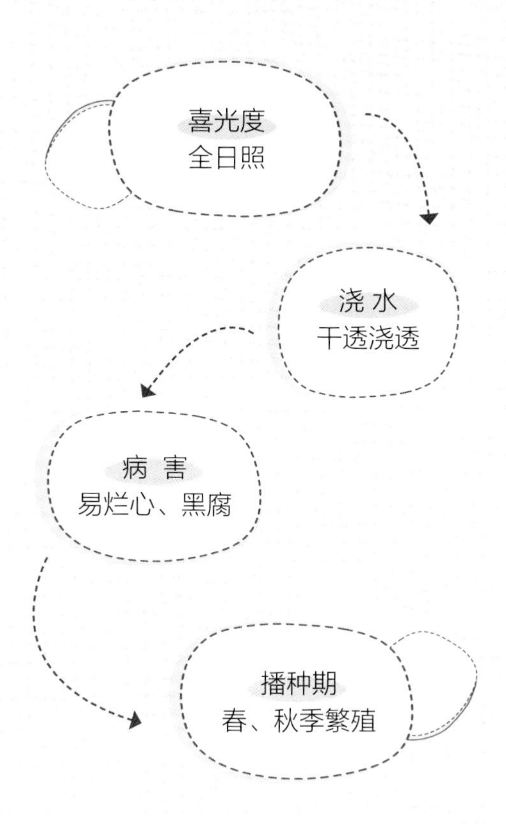

妮可莎娜喜欢温暖、干燥、通风和具有充足日照的生长环境，最适宜在温度为15~25℃的环境里生长，在干燥且阳光充足的条件下，叶缘会呈现出浅粉色，外表相当美丽。在酷夏的时候，应该避免阳光的直射，需要给其适当的遮阴保护，以免其被强烈的紫外线灼伤。冬季要将其养于气温在5℃以上的室内，并保持土面潮润，多晒太阳即可。浇水的时候要避开叶片和中心，否则不能让水滴留在叶片上，不仅容易留下水渍，积水还会导致多肉腐化烂心。

养肉小贴士：如何繁殖妮可莎娜？

妮可莎娜可采用分株或叶插方式繁殖。分株选择在春、秋季进行，选择长势良好饱满的侧芽，切下后直接置于土表，等待伤口愈合后，再滴上少量水以保持土表湿润，便可等其发根长芽。扦插则选择紧实的叶片，放于疏松潮润的土表，避开强光散射光照。待到长成独立的植株后，就可以适量给水、正常管理了。

多肉专业名词注解

了解了关于多肉的专业名词，再也无需担心查看多肉资讯时发生看不懂的状况，可以让养护变得更方便、更快捷，也让多肉新手们变得专业起来。下面，就让我们在多肉达人伟伟的多肉课堂上，了解最常用的多肉专业名词。

徒长

【释义】指多肉植物在浇水过多或缺少日照的情况下，叶子逐渐转为绿色，其枝干上的每片叶子间距逐渐拉长，叶片往下翻，枝干不停向上生长，且生长速度加快的情况。

花箭

【释义】从多肉植物的叶片中生长出来的花茎部分，景天科的很多多肉植物都属于这种开花方式。花茎过多要及时剪掉，不然会占用多肉植物的养分，影响其生长。

砍头

【释义】指的是一种修剪方式，是用剪刀从多肉植物顶端直接剪掉，所以形象地称之为砍头。根据不同的多肉情况，选择砍头的位置也不同。一般砍头后还要晾晒几天，让伤口变干燥。

爆盆

【释义】当多肉植物生长得太过密集的时候，会长满整个花盆，这种拥挤的状态就称为爆盆。有些多肉品种是很容易爆盆的，例如女雏、虹之玉等等。

散光

【释义】指的是多肉植物没有直接受到太阳的照射，而是在散射光线的条件下栽培的一种方式。多肉植物大多喜欢充足阳光，长期在散光下生长的多肉一般不够亮丽。

露养

【释义】指将多肉植物放在露天的环境下，让其自由生长。露养是模拟多肉植物在野生环境下的栽培方式，此时多肉植物的健康会受到很多外界因素的影响，例如雨水、光照、病虫害等。

老 桩

【释义】指多肉植物在生长了很多年以后，其枝干部分已经木质化了，其质感较硬。老桩由于苍劲古雅的外形，成为当下的新宠，很多人开始追求多肉的老桩，其价格自然也会更贵。

闷 养

【释义】指当冬天温度过低的时候，用覆膜、塑料盖等工具将多肉植物完全盖住，制造成一个小型温室的效果。在这个密闭空间中的湿度够大，所以要减少浇水量。

锦 斑

【释义】指的是多肉植物在其生长过程中的颜色变异现象。植物体的茎、叶等部位发生颜色上的改变，如变成白、黄、红等颜色，大部分锦斑变异并不是整片颜色的变化，而是叶片或茎部，部分颜色的改变。

缀 化

【释义】指的是多肉植物形态的一种变异情况，通常都是多肉植物受到外界的刺激后，使之顶端生长点出现异常分生、加倍现象，形成多个生长点的现象。

全 日 照

【释义】指的是多肉植物能直接接受到太阳的直射，一般都是将植物直接放置于露天环境下，但是夏季阳光太过强烈的时候，最好适当遮阴。

冬 种 型

【释义】指一些夏季休眠较明显、休眠时间比其他多肉植物更长的植物，一般这些植物在冬天时会持续生长。但当气温低于 5℃时，大部分的多肉植物都会处于休眠的状态。

夏 种 型

【释义】指一些在夏季拼命生长，但是到了冬季就进入休眠状态的多肉植物。需要注意的是，当夏天的气温高达 35℃以上的时候，这一类型的多肉植物也会进入休眠状态。

Chapter 4

人气品种
最受欢迎的多肉品种

俏皮精灵的名字以及可爱的样貌赋予了多肉不一样的气质，就是因为这样的气质，让这些多肉成为人们最喜爱的品种。本章精心为你挑选最受欢迎的 21 款人气多肉，让你的办公和居家环境充满活力。

莎莎女王

景天科

拟石莲花属

生长速度：一般
繁殖难度：一般
莎莎女王外形酷似花朵，绿叶边上有红色的叶缘，使之独具趣味又显出女王风范，是家中阳台、窗台上常见的观赏用多肉。

莎莎女王的养护表

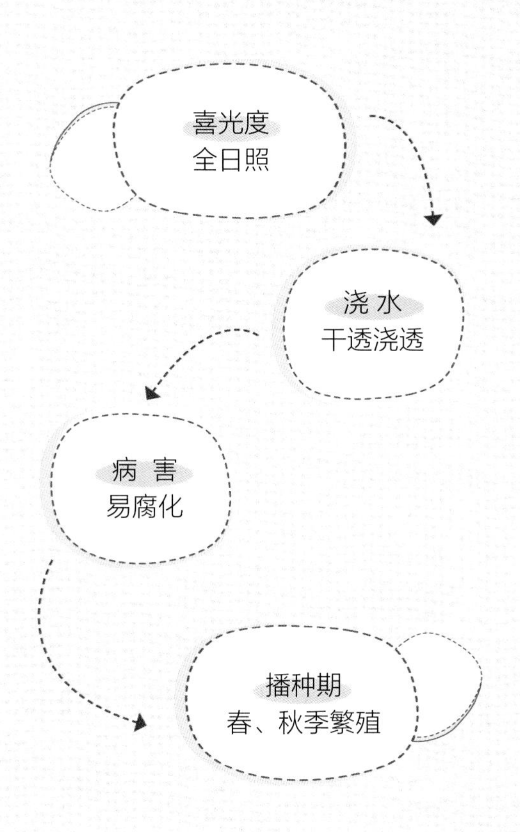

莎莎女王是中小型的石莲品种，叶子圆匙形，叶面覆有薄粉，光照充足、天气寒冷、昼夜温差大、节制浇水等因素都可以让红缘特征更加明显。在生长期，可以适当增加浇水量和浇水次数，施水肥，以保持长势。冬季应移至室内养护时，要保持室温在10℃以上且减少浇水，低温和过量浇水会造成植株冻伤。栽培环境都应保持空气流通、光照条件充足，浇水时要避开植株表面以免造成腐烂。

养肉小贴士：如何繁殖莎莎女王？

莎莎女王不易群生，可以通过叶插来进行繁殖。将整片叶片平铺摆放于潮润的沙土上，叶背向下，叶面向上，置于阴凉处，几天后将会从叶片基底长出新根，这时将根系埋入沙土中即可。春、秋季是生长期，要保持充足阳光和良好的通风环境，切不可浇水过多造成沙土积水，还要防止雨淋。

钱串

景天科

青锁龙属

生长速度：一般

繁殖难度：较容易

因为外形似铜钱币，样子肥嫩憨厚，玲珑可爱，加上名字的寓意更是受到众人追捧，搭配小型多肉合栽，装饰于案几、窗台，非常典雅且有生活情趣。

钱串的养护表

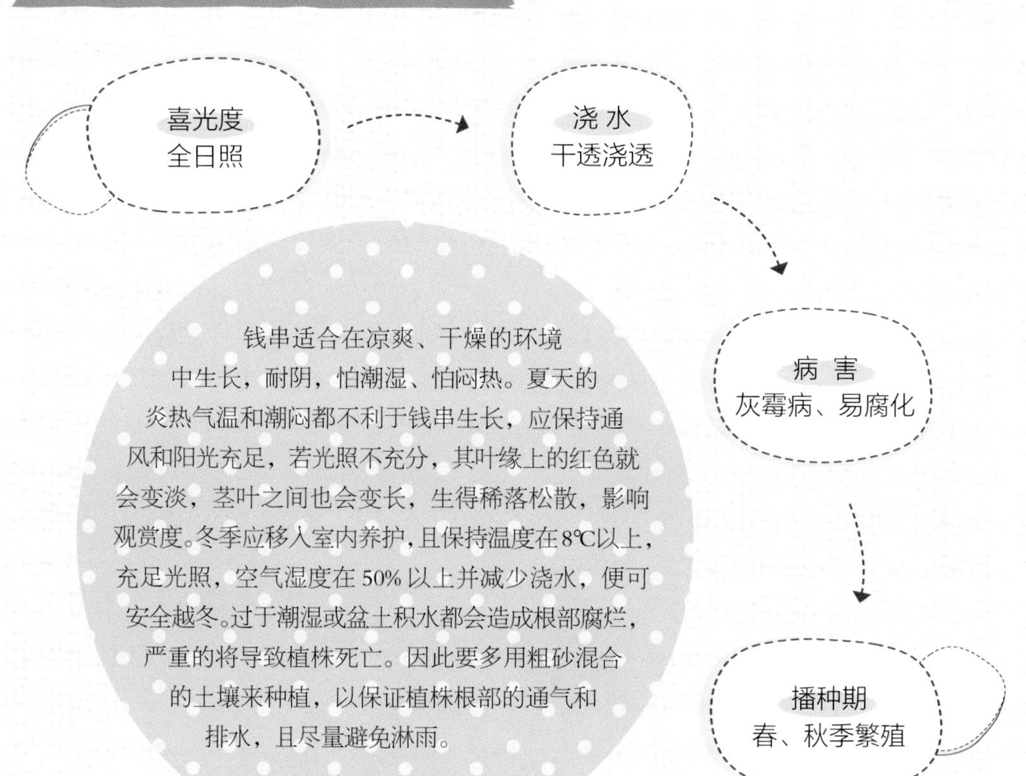

钱串适合在凉爽、干燥的环境中生长，耐阴，怕潮湿、怕闷热。夏天的炎热气温和潮闷都不利于钱串生长，应保持通风和阳光充足，若光照不充分，其叶缘上的红色就会变淡，茎叶之间也会变长，生得稀落松散，影响观赏度。冬季应移入室内养护，且保持温度在8℃以上，充足光照，空气湿度在50%以上并减少浇水，便可安全越冬。过于潮湿或盆土积水都会造成根部腐烂，严重的将导致植株死亡。因此要多用粗砂混合的土壤来种植，以保证植株根部的通气和排水，且尽量避免淋雨。

养肉小贴士：如何繁殖钱串？

一般多采用扦插和叶插的方式来繁殖钱串。扦插可剪取生长良好、茎叶紧实的分株，带有3~4对叶子最佳，放置在通风良好的环境1~2天，待伤口愈合干燥后，再插于沙土中，只需保持盆土潮润，便可在1周内发根并长出新芽，成长成独立的新植株后便可正常浇水，生长期里可每3个月施肥1次。叶插则选用饱满的叶片，同样也要风干处理伤口后再插入沙土中培育，20天左右便可生根。

橙色梦露

景天科
拟石莲花属

生长速度：较慢
繁殖难度：一般
与国际巨星玛丽莲·梦露同名的多肉梦露，优美丰满的叶片上有红色的叶尖点亮，置于客厅的案几，就如同一位魅力四射的明星吸引着无数目光。

橙色梦露的养护表

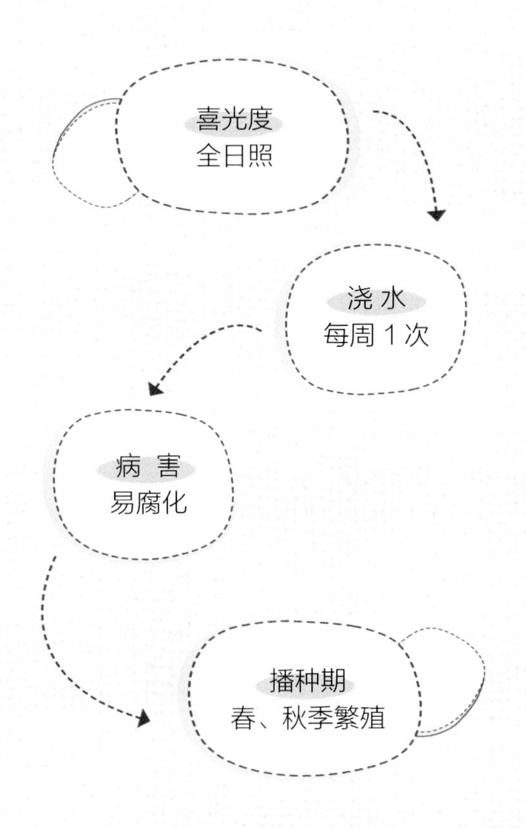

橙色梦露的叶片表面覆盖有白色的粉末，很容易掉落，掉落后将很难再生，因此在养护或者移植的时候要格外小心。叶片稍肥厚且圆润，大多属于进口多肉，需要用心照料。梦露在秋天的时候颜色最为艳丽，叶尖的红色清晰明丽，最值得观赏。进入冬季后，需要在浇水量和盆土的湿润度上小心处理，室温低于5℃时要多光照保暖并保持干燥，使之提高抗寒能力，安全越冬。而夏季的高温会导致植株进入休眠状态，此时应遮光避暑，保证叶片不被灼伤。

养肉小贴士：如何繁殖橙色梦露？

繁殖橙色梦露可以采用叶插的方式，掰下长势良好且壮实的叶片，放于阴凉通风的环境中让它自然风干伤口，在确保伤口愈合且干燥后，才可以放到盆土上，只需要将叶片平放、保持土表潮润即可。不可以马上给水和光照，要保证空气流通，让它长出根系，发出新芽，成为独立的植株后便可上盆，待到新苗稍大后，即可慢慢恢复正常光照和水分补充。

东云

景天科

拟石莲花属

生长速度：一般

繁殖难度：一般

宛如玫瑰花一般的东云是炙手可热的多肉，整株植株的形状就像盛开的花朵，娇艳美丽，惹人怜爱。

东云的养护表

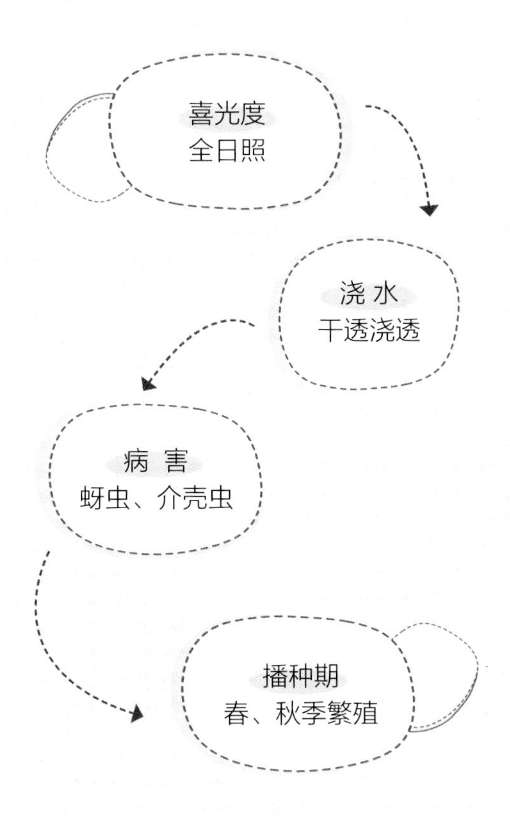

东云叶缘的红晕较深，全因充分的光照将它变得越来越艳丽。喜光、耐阴，在10~25℃的温度最适合生长，夏季高温易休眠，应注意避开阳光的直射，做好遮阴、通风，控制浇水。春、秋生长季期间，要保持水分充足，一般来说土壤干透后才需要浇透一次水，最适合的栽培土壤应该疏松透气且具有良好的排水性，盆土积水量过多将会导致植株基部化水致腐烂。冬天室温保持在5℃以上，避免在使东云在室外越冬，并且要给予充足日照，少浇水。

养肉小贴士：如何繁殖东云？

繁殖东云可以采用叶插或枝插的方式，在春季或秋季进行。叶插期间应在保持通风、明亮且无直射光照的环境中养护，不宜浇水，等到生出小苗后方可恢复光照和浇水。在生长期，东云最容易遭受蚜虫、介壳虫的侵害，要特别注意观察和养护，尽量避免出现类似病虫害，若出现后应及早处理，减少威胁。

冰莓月影

景天科
拟石莲花属

生长速度：一般
繁殖难度：较容易

冰莓月影是来自欧洲无根系的多肉，太阳照射下能出现水果香味道。它的原始状为粉色，发根前有些芯为蓝色，发根后生长状态中的芯会呈翠绿色，经过光照逐渐变粉。

冰莓月影的养护表

冰莓月影喜欢阳光充足、通风良好的生长环境，不耐寒，若光照不强很容易造成徒长，叶子松散，影响美观。对于冰莓月影来说，浇水不能过勤，进入生长期也要适当控制浇水的量，浇水一定要在盆土干燥后再浇透，不要太湿。此外，浇水时要尽可能地避免把水浇到植株上，否则水滴会形成水渍影响美观，而且植株中间有积水，很容易造成植株腐烂。上盆的时候可以加入适量底肥，生长期施 1~2 次薄肥。

养肉小贴士：如何繁殖冰莓月影？

冰莓月影可以采用叶插、插穗、分株 3 种方式来繁殖。叶插要在生长期把生长良好的肥厚叶片掰下，平放在潮湿的沙土上，叶面朝上，叶背朝下，不必覆土，放置阴凉通风处，10 天左右从叶片基部可长出小叶及须根。插穗可用单叶、蘖枝或顶枝，剪取的插穗长短不限，但剪口要干燥后，去掉下部叶片，再插入沙床，一般 15 天左右生根。分株最好在春天进行，生根快，成活率高。

小红衣

景天科

拟石莲花属

生长速度：一般

繁殖难度：一般

小红衣那半透明的叶片边缘如玉石般温润亮丽，在强光下，边缘会出现漂亮的红，净化空气的同时还给人带来美的享受。

小红衣的养护表

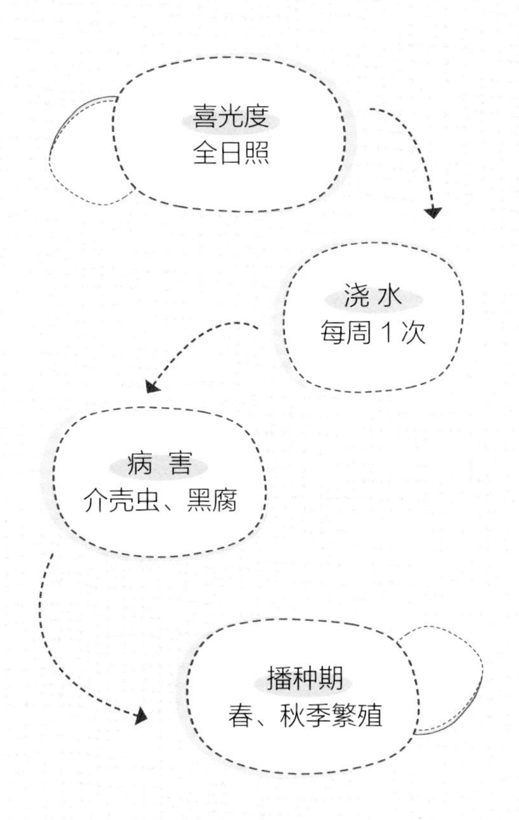

小红衣的叶片环生，叶片扁平细长，有明显的半透明叶缘，叶尖两侧有突出的薄翼。在强光下，叶缘和叶尖会呈现出漂亮的红色。春天和秋天是生长期，可以全日照。夏天会休眠，需要给予通风遮阴的环境，除了正常给水以外，少量在盆边给水，以确保植株不会因为过度干燥而干枯。冬天温度过低时要逐渐断水，保持盆土干燥。平时浇水要尽量浇在土里，不要让叶片沾上水分，否则不仅影响美观，还容易造成烂心。

养肉小贴士：如何繁殖小红衣？

小红衣容易群生，可以采用播种、分株等繁殖方式。分株繁殖时同样要注意对伤口的处理，只有保持伤口的干燥和清洁度，才不会在培育过程在出现腐化的现象。同时沙土也要达到一定的疏松度，且具有良好的排水性、透气性。

酸橙辣椒

景天科

拟石莲花属

生长速度：一般

繁殖难度：一般

饱满的绿色肉片越老颜色越亮丽，叶尖泛起的红色及叶背的红点极为独特，用来装点家居是个不错的选择。

酸橙辣椒的养护表

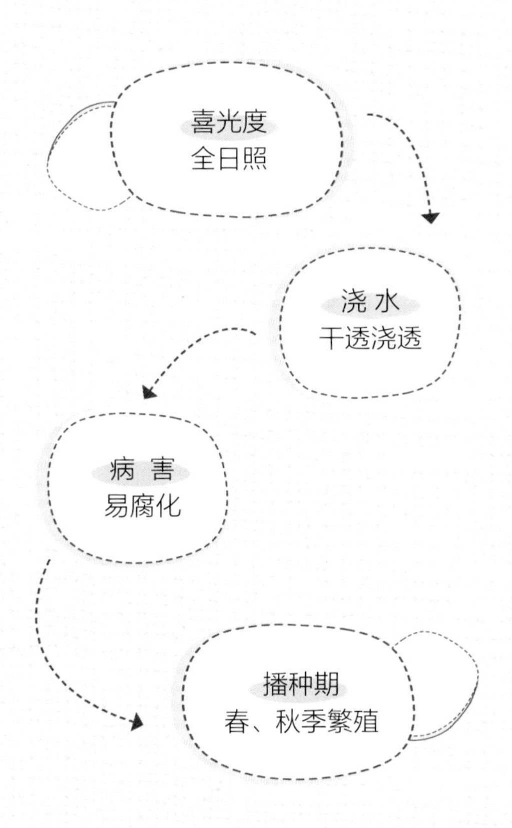

酸橙辣椒叶片呈莲座状排列，有叶尖，叶片表面有白色，生长期为绿色，当气温降低和昼夜温差增大时，叶尖及叶边会变果冻色。由于它生性喜温和日照，喜欢在干燥且有充足光照的环境里生长，在凉爽的天气里，只要给予足够的光照，就能使它的颜色变得更深更艳丽。夏季防止让烈日直接暴晒和暴雨冲刷，应当遮阴避雨，避免根部过湿导致腐化的现象。冬天应保持5℃以上的气温养护，以防冻伤叶片和植株基部。

养肉小贴士：如何繁殖酸橙辣椒？

酸橙辣椒可以采用叶插的方式繁殖，切取饱满的叶片或是侧枝，处理伤口后将其放到干燥通风的位置晾几天，等待切口晒干愈合后，放于盆土中让它发根即可。土壤尽可能选择透气疏松、排水性良好的介质进行栽培。湿度条件与繁殖大多数多肉一样，保持潮润即可。

苯巴蒂斯

景天科

拟石莲花属

生长速度：一般

繁殖难度：较容易

苯巴蒂斯外形有点像石莲花，层叠的莲座透出几分清新，搭配小型多肉组合成盆，更能衬托出它别具一格的尊贵特质。

苯巴蒂斯的养护表

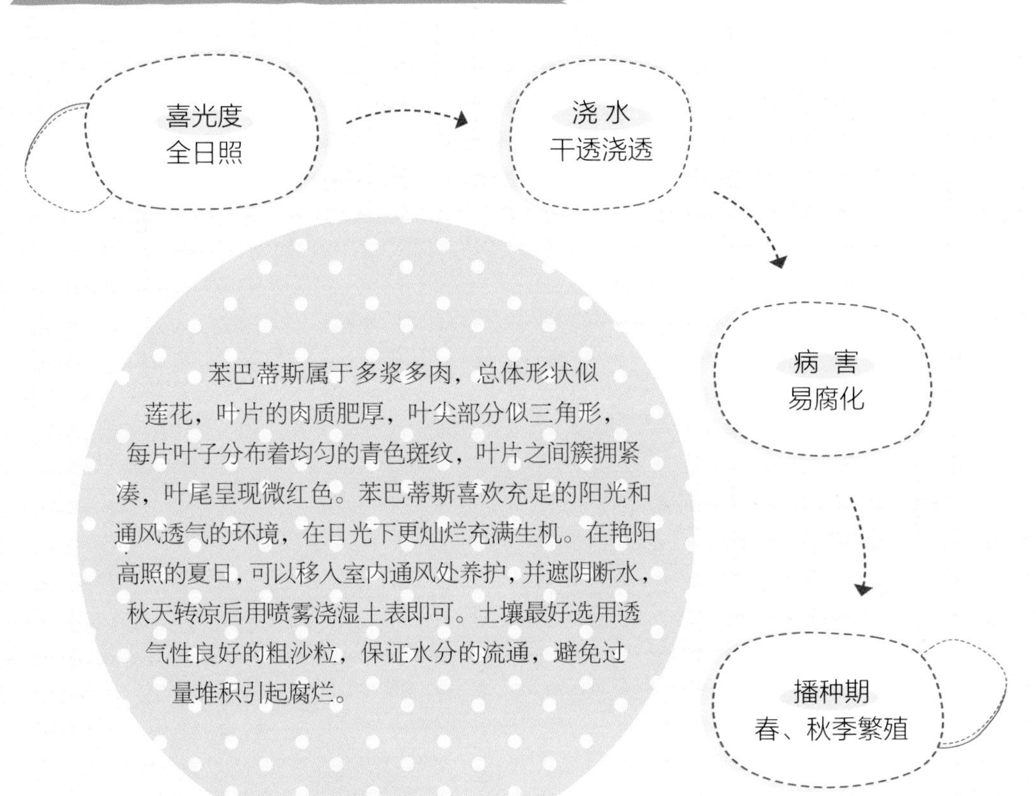

苯巴蒂斯属于多浆多肉，总体形状似莲花，叶片的肉质肥厚，叶尖部分似三角形，每片叶子分布着均匀的青色斑纹，叶片之间簇拥紧凑，叶尾呈现微红色。苯巴蒂斯喜欢充足的阳光和通风透气的环境，在日光下更灿烂充满生机。在艳阳高照的夏日，可以移入室内通风处养护，并遮阴断水，秋天转凉后用喷雾浇湿土表即可。土壤最好选用透气性良好的粗沙粒，保证水分的流通，避免过量堆积引起腐烂。

养肉小贴士：如何繁殖苯巴蒂斯？

繁殖苯巴蒂斯通常采用叶插的方式。将肥厚的叶片掰下，干燥伤口后平放置于土表，只要保持土表湿润，便能使它发根，长出新的侧芽，培育2周后便可成为独立植株，移入新盆内正常浇水养护即可。在取叶片繁殖的时候，若植株基底的叶片有枯蔫情况的，要及时去掉，以免蔫掉的叶片发生腐化，影响整株植株。

白熊

景天科
银波锦属

生长速度：较慢
繁殖难度：较难

将体型小巧的白熊种植成小型盆栽，放于书桌或是窗台处，可爱小熊掌上白色的绒毛覆盖着绿叶，给生活带来奇趣和活力的同时，还增添了几分玲珑文雅的气息。

白熊的养护表

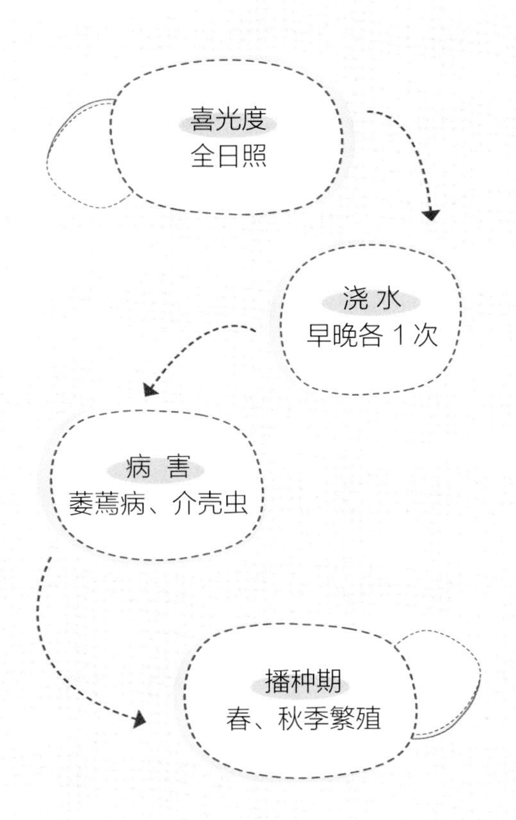

白熊是熊童子锦化的一种，因叶表覆有白色绒毛，叶端有红褐色的爪齿而得名。怕冷、怕湿，喜光照，可全年充分日照，但不宜让烈日暴晒，过于高温会使叶片受损伤，影响观赏性。夏天要适当遮阴，可早晚各浇 1 次水，在温暖干燥通风的环境下能很好地生长，超过 35℃时则减少水量，以防止根部过潮腐烂，导致叶片脱落。冬季能耐受 5℃的气温，光照不足时应该保持盆土不要过于潮湿。生长期也要充足光照，避免淋雨，浇水时要避开叶片，若水滴聚留于绒毛，会有水渍形成，影响观赏度。

养肉小贴士：如何繁殖白熊？

白熊可在生长期采用扦插的方式来繁殖，选择短茎节、肥厚叶片的插穗，剪下晾干 1 天后，再插入沙床中，20 天后可以发根，判断长根的标准是叶片变得比之前稍硬，30 天后便可上盆。叶插的方法也能使白熊生根，但是却很难萌发新芽，一般不用这种方式来繁殖白熊。

粉色纽约

景天科 拟石莲花属

生长速度：一般
繁殖难度：较容易
粉色纽约肉质独特，观赏价值很高，叶片在阳光充足时会变红，其越红越如一团在燃烧的火焰，有蓬勃向上的热情之感。

粉色纽约的养护表

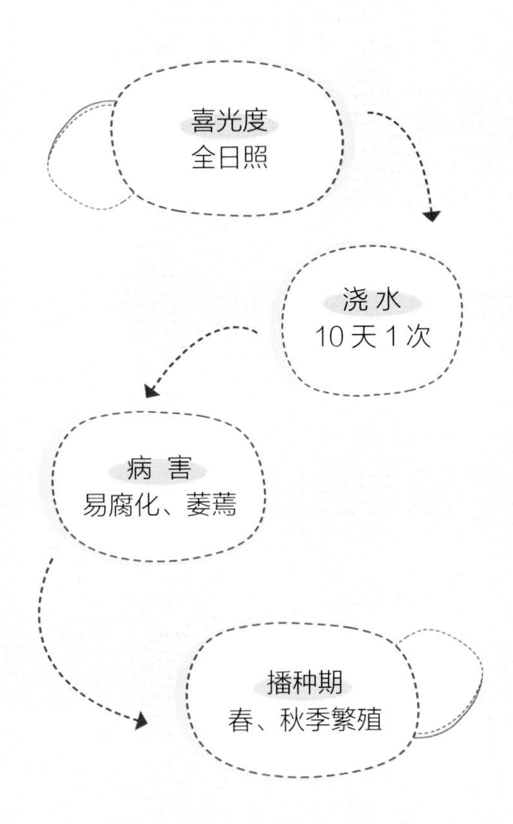

粉色纽约喜欢暖和、干燥及阳光充足的生长环境，在半阴或隐蔽处生长的植株虽然也能成活，但是叶色不够红。在阳光充足及昼夜温差较大的情况下，其叶色更为鲜艳。在夏季高温时要保持通风，并做好防晒措施，防止长时间暴晒导致晒伤。浇水注意不干不浇，要等到盆土完全干透后再浇水，盆土积水量过多会导致植株基部化水致腐烂。进入冬季后需要控制浇水量，当温度低于5℃便要为其保暖，确保安全越冬。

养肉小贴士：如何繁殖粉色纽约？

繁殖粉色纽约可以采用叶插或枝插的方式，在春季或秋季进行。剪取待生长点的顶部茎或健壮的侧芽作为插穗，先将其晾几天，等切口晾干后浅埋于沙质微潮的土壤中即可。在繁殖过程中，要特别注意观察和养护，尽量避免病虫害的发生。

小米星锦

景天科
青锁龙属

生长速度：一般
繁殖难度：一般
虽然小米星锦植株小，但也不妨碍它带来的绚丽的美，星星点点的多肉紧凑生长，有一种别样的美感，放于书桌可以装点生活。

小米星锦的养护表

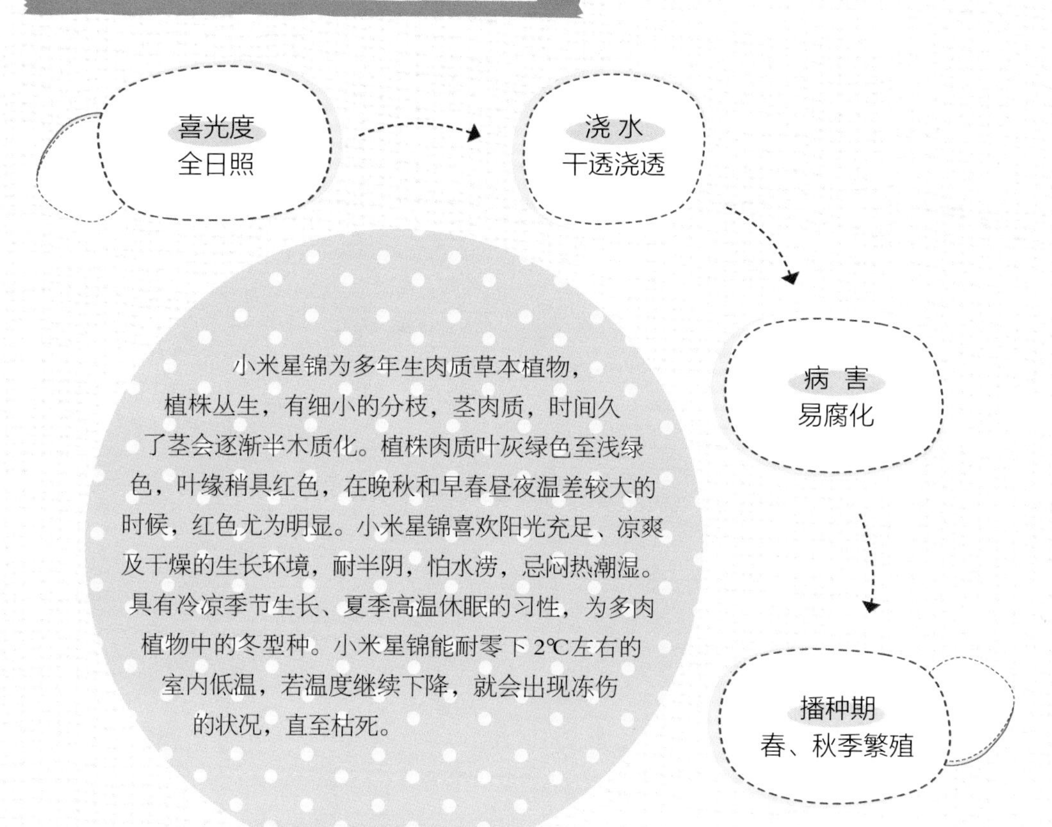

养肉小贴士：如何繁殖小米星锦？

繁殖小米星锦一般采用砍头的方式。取健康有生长点的枝条，按照每段3~5厘米长剪下，晒干伤口后扦插，也可以直接扦插在干的颗粒土中，几天后少量给水，叶片和叶片间很容易长出很多小根。砍头繁殖还有一个好处，就是可以让母株得到更好的造型，砍头后的地方会重新萌发新的生长点。

桃太郎

景天科

拟石莲花属

生长速度：一般

繁殖难度：较容易

桃太郎和吉娃娃的外形极为相似，但是桃太郎除了叶尖，叶缘也红，保证充足日光甚至可能整个叶片都红，这就红出了差别和个性。

桃太郎的养护表

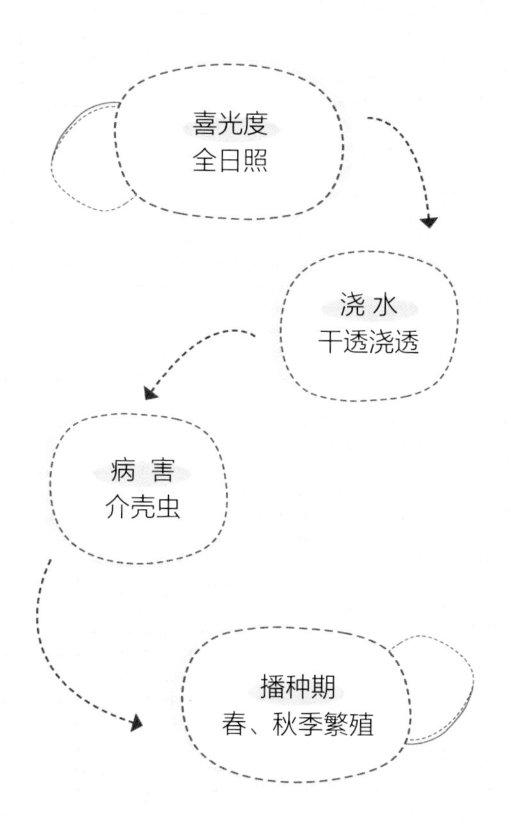

桃太郎喜温、耐干燥、不耐寒，只要有充足的日照条件，便可使它叶片上的绿色更艳丽，叶缘和叶尖带上轻微的红色更夺目。但到了炎热的夏季时，35℃以上的高温会把它的叶肉灼伤，影响观赏性，应当遮阴通风；而冬天养护的方法是将桃太郎移入室内打理，3℃以下断水处理，10℃左右要让桃太郎接受全日光照射，并且保持土表的潮湿度即可满足冬季的水分需求量。注意不要让雨淋或根部积水，避免根部和叶心腐化。

养肉小贴士：如何繁殖桃太郎？

在桃太郎生长期的时候采用扦插的方式对其进行繁殖最好不过了。取一片紧实的叶子，干燥处理切口伤口后，平放入盛有潮润混合沙土的小盆中，放于日光无法直射且通风透气的环境中，让它自行成长，待发出新的根须后，便可逐渐让它照射日光和增加浇水量，等到新的叶片长出便可成为新的独立植株。

桑切斯星影

景天科

莲花掌属

生长速度：一般

繁殖难度：较容易

可放置于客厅、阳台、窗台、茶几、卧室等地方，用来点缀装饰。当开出美丽的花朵时，灼灼耀目，十分惹人喜爱。

桑切斯星影的养护表

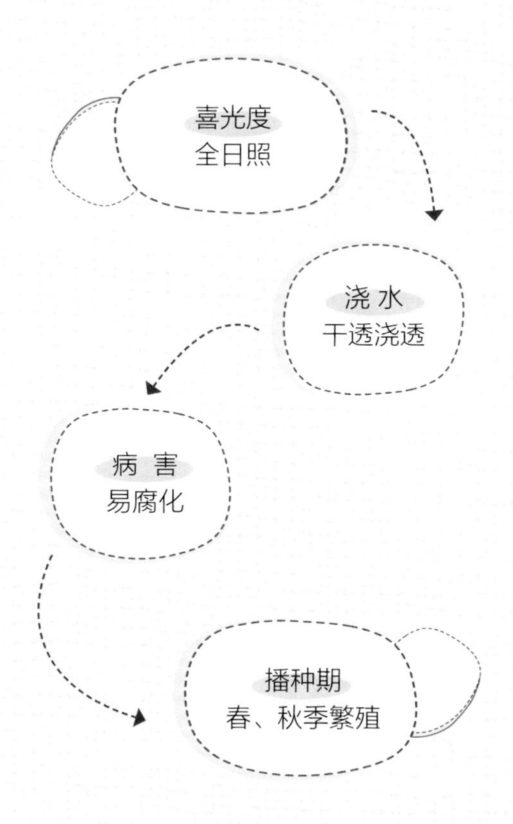

桑切斯星影的植株稍具分枝，叶肉质，呈莲座状排列，其叶片为倒卵圆形。在夏季高温的时候，植株呈现休眠或半休眠的状态，可以将其放置在光线明亮但无直射阳光的地方养护。当光线过强的时候，避免生长环境过于闷热和潮湿，否则植株容易出现腐烂。冬季的时候气温降低，要尽可能地多见阳光，如果能保持12℃以上的温度，可继续浇水。若维持不了这么高的温度，要保持盆土适度干燥，不能持续积水，空气干燥时要向植株喷洒。

养肉小贴士：如何繁殖桑切斯星影?

繁殖桑切斯星影通常采用分株的方式，从老株上剪下一棵置于沙质土壤中培育，一段时间后就可以生根，但也要注意水量的控制，细心养护，否则不易存活，水量过多也会引起腐烂。春、秋两季是比较好繁殖的季节，其他两个季节相对来说成功率不是很高。

红宝石

景天科

拟石莲花属

生长速度：一般

繁殖难度：极容易

只要阳光充足，叶片就越发红艳，正如其名，像红宝石一般闪闪动人，给人带来一种华丽、高贵的感觉，充满生机活力。

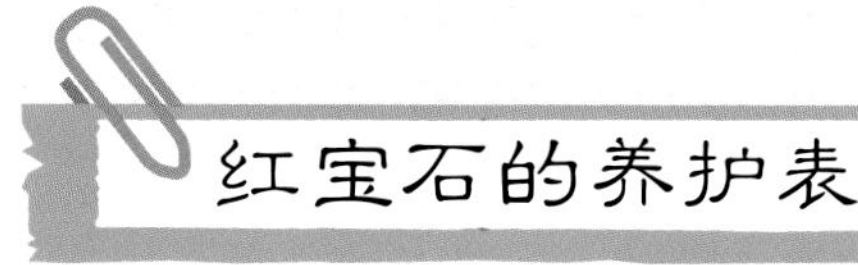

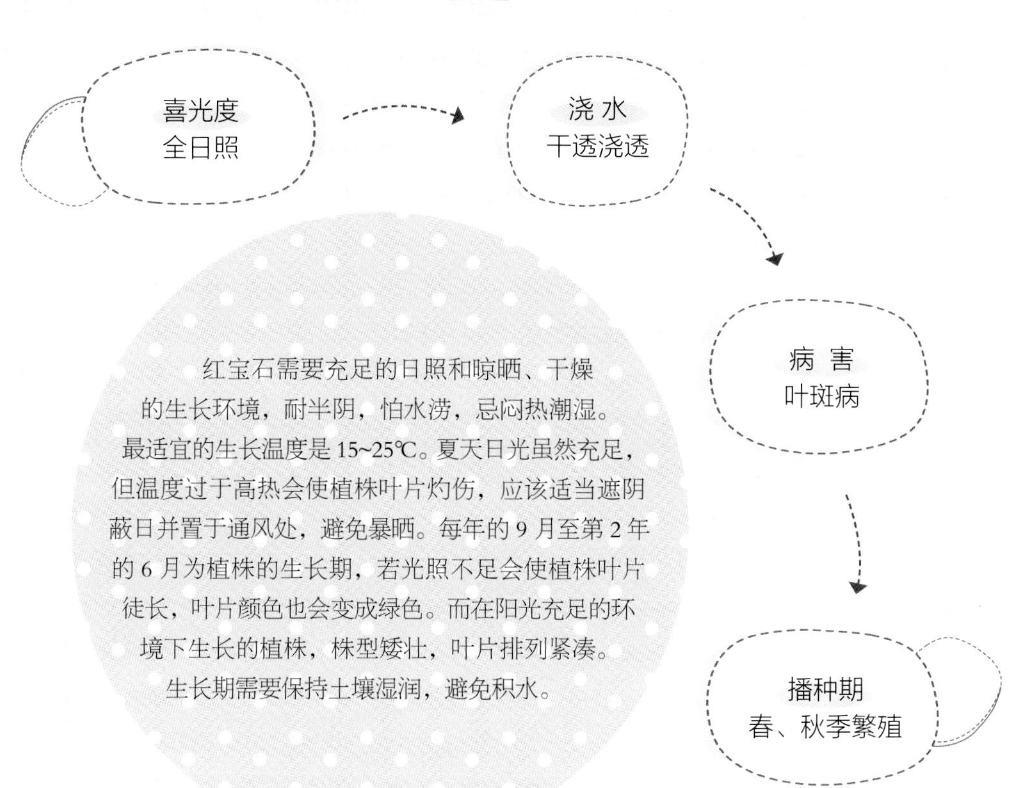

养肉小贴士：如何繁殖红宝石？

繁殖红宝石一般采用砍头或叶插的方式。砍下的植株可以直接扦插在干的颗粒土中，红宝石发根后就可以少量给水。叶插是取完整饱满的叶子，放在阴凉处晾干伤口后，再放置在微微湿润的土上，红宝石会慢慢长根后发芽，过程有点长，不过可以得到很多小侧芽，侧芽长大后，取下用以扦插就可以了。

舞会红裙

景天科

拟石莲花属

生长速度：一般

繁殖难度：一般

舞会红裙的叶片犹如红色裙摆一般光鲜亮丽，整个植株仿佛一件优美的工艺品，色彩淡雅，用来点缀厅台、书桌都很适宜，颇受众人欢迎。

舞会红裙的养护表

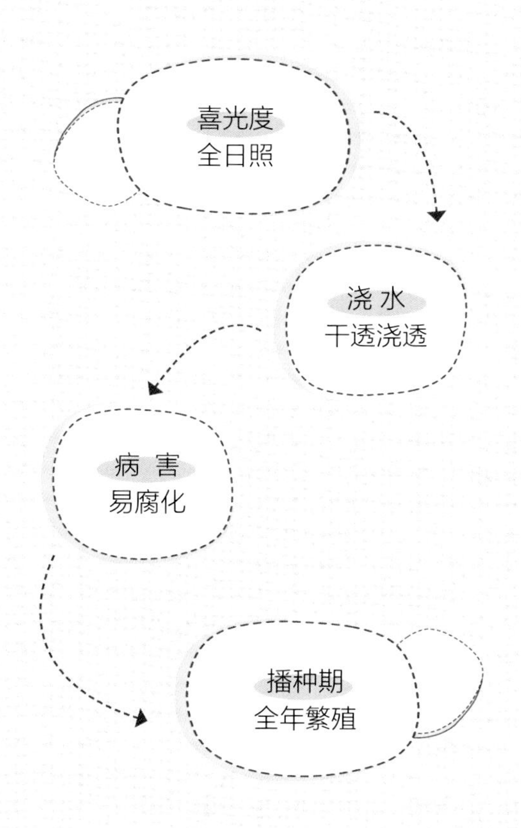

舞会红裙喜欢温暖、干燥且光照充足的环境，其茎部粗壮，会随着生长过程逐渐伸长。叶片莲座型紧密排列，株径可达30厘米以上，叶片圆形，叶缘小波浪状皱褶，叶片较肥厚。叶色翠绿至红褐色，新叶色浅，老叶色深。强光与昼夜温差或冬季低温可以使叶色变红，弱光则叶色呈浅绿色。叶缘常会显现粉红色，叶面上微覆有白粉。盆土环境忌积水，否则会造成根部基部的腐烂，影响整株植株。

养肉小贴士：如何繁殖舞会红裙？

繁殖舞会红裙可以采用叶插或枝插的方式进行。一般用叶插来繁殖，土壤用泥炭混合珍珠岩并加入煤渣，为了隔离植株和土表接触，确保透气，还可以铺上颗粒的干净河沙或浮石。将较饱满紧实的叶片取下并干燥伤口，放于盆土中，保持土壤湿度，不给水培养即可。

红乌木

景天科

拟石莲花属

生长速度：较缓慢

繁殖难度：一般

贵族多肉红乌木在充分接受光照后，植株会更加紧实饱满，叶片呈现出艳丽迷人的颜色，置于家中不仅能用来观赏，还能提升主人的品味。

红乌木的养护表

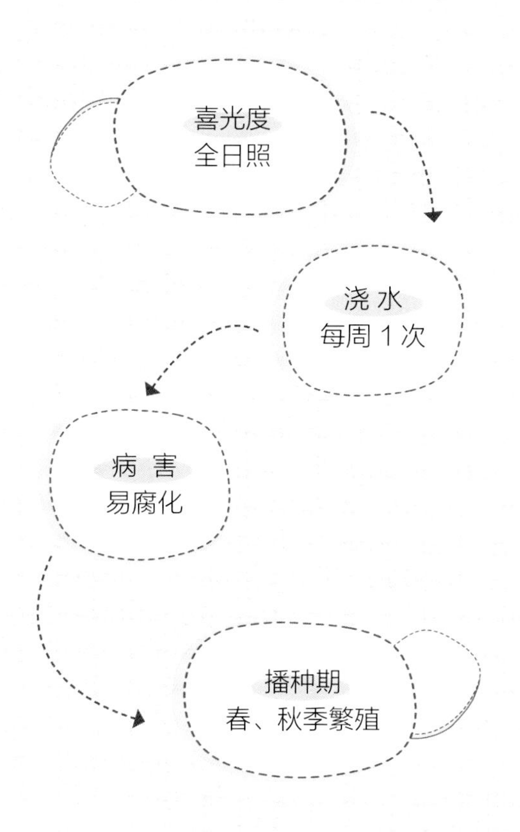

红乌木喜欢在光照充足、通风良好、干燥凉爽的环境中生长，耐阴、耐寒、怕潮、怕闷，天气凉爽时最适合其生长，光照充足会使叶片成色艳丽，叶缘的黑色也会加深。对于红乌木来说，叶尖的黑色越深越好，若光照不足、养护不佳，植株颜色就会变淡，叶片拉长徒长。在夏季和冬季，过高或过低的温度都会使之休眠，在休眠期中要控制浇水，必要时还要断水处理，冬天要保持 4℃以上的温度，否则低温会造成冻伤，甚至死亡。

养肉小贴士：如何繁殖红乌木？

一般采用扦插和叶插的方式来繁殖红乌木，非常易养活，只是生长的速度略缓慢。扦插切取分株后，直接置于干燥的土表即可，等待发根后才能少量给水。叶插则是取下紧实完整的叶片，放到阴凉处晾干伤口上的水分后，再平放于潮润的土表，发根的过程明显变长，但是成活率和成活数量会有所增加，其中会长出许多侧芽，侧芽成长后还可以取下进行扦插繁殖。

银月

菊科

千里光属

生长速度：一般
繁殖难度：较容易
肉质叶轮生，排列成散松的莲座状造型的叶子，装点于家中不仅带来许多绿意，也丰富了家中的生活趣味。

银月的养护表

银月原产于南非和非洲北部、印度东部等地。植株较高，叶片两头尖，中间粗，呈纺锤状，叶片银白色或稍微有点绿色。除此之外，其叶的形状还有扇形、卵形、棒形和筒状，可谓形式多样。茎圆棒形，头状花序，花色以黄、白、红、紫占多数。喜欢在温暖和阳光充足的环境里生长，生长期间可以充分浇水和适量施肥。夏天要置于阴凉处控制浇水，冬季也能保持在 5℃以上，低于 5℃则进入休眠期，要做断水处理。

养肉小贴士：如何繁殖银月？

银月和大多数景天科多肉植物一样，比较好养，容易群生，会在根部生长出小侧芽。银月繁殖一般用砍头、侧芽、分株、叶插等方法。在叶插繁殖的时候，掰下来的叶片一定要晾干后才插入微湿的土壤中，要不然可能会受到病菌的威胁。没有根的银月适合在秋季种，如果银月上盆发根后就不需要频繁浇水，一般三五天浇一次水即可。

黛比

景天科
拟石莲花属

生长速度：一般
繁殖难度：较容易
粉紫色黛比不仅带来高冷的感觉，还长期保持一种紫色魅惑之感，装点在家中有一种别具一格的特色。

黛比的养护表

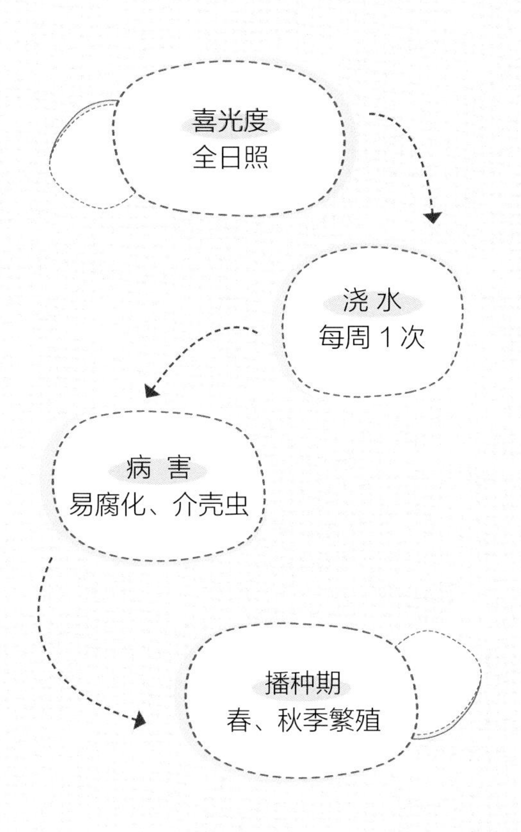

黛比是风车草属和拟石莲花属杂交而成，是为数不多全年呈现粉紫色的多肉植物。黛比属于中型多肉植物，群生后规模更大，黛比肉质叶互生，呈莲花状排列，叶厚，长匙型，叶前端斜尖呈三角形，叶色从粉紫色到紫红色。春末会开花，穗状花梗，花叶和花萼都是紫色，花钟形，五瓣。黛比虽然外表高贵冷艳，但是在养护上并不难，非夏季可尝试露养，浇水频率根据介质干透的情况而定，干透则浇透。黛比在夏季休眠并不明显，依然会生长，此时浇水频率应适当拉长，傍晚后浇水为佳。

养肉小贴士：如何繁殖黛比？

繁殖黛比可以采用叶插的方式，也可以剪取侧芽进行枝插。叶插是取下单独的 1 片叶片，且叶质多肉饱满，平放于盆土上，保持土表潮润，置于阴凉通风环境中，培育不久后就能生出新的根须，成为独立植株后上盆栽种即可。

蒂亚

景天科

景天属

生长速度：一般
繁殖难度：较容易
蒂亚叶尖的红色层层晕染，仿佛高贵的神灵降临，带来美丽的同时也带来了别致的清新感，放置于客厅更有美好的象征意义。

蒂亚的养护表

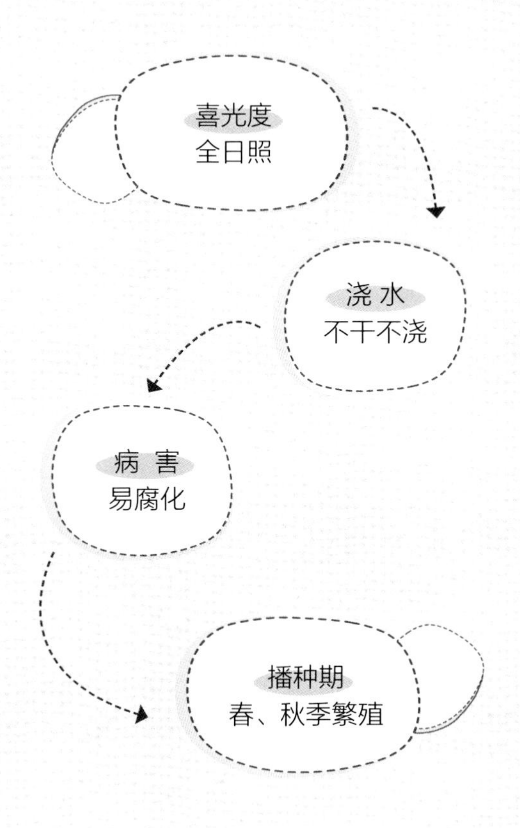

蒂亚喜欢温暖、干燥、通风和有充足阳光的生长环境，耐寒、耐旱、耐阴，适应能力较强。蒂亚生长力旺盛，无明显的休眠期，最宜生长的温度在15~25℃，冬季温度不能低于5℃。在生长期可以充分浇水，夏季高温时注意遮阴，并控制浇水，浇水时切勿浇到叶面和叶心，以免腐烂。夏季或光照不足的情况下，蒂亚呈现绿色，秋、冬季节给予充分的光照，叶片会呈现出红色。

养肉小贴士：如何繁殖蒂亚？

繁殖蒂亚可以采用叶插和枝插的方式，枝插成活率较高。切取饱满的叶片或是侧枝，处理伤口后放置在通风的地方晾晒几天，自然风干伤口后再放于盆土中让它发根即可，湿度条件与繁殖大多数多肉植物一样，保持潮润即可，长成独立植株后就能上盆栽培了。繁殖的时间以春、秋季节为佳。

花椿

景天科

青锁龙属

生长速度：一般

繁殖难度：极容易

可以栽种于室内客厅、案几、窗台，小巧玲珑，会开白色小花，颇具观赏性，是用来装饰空间的不错选择。

花椿的养护表

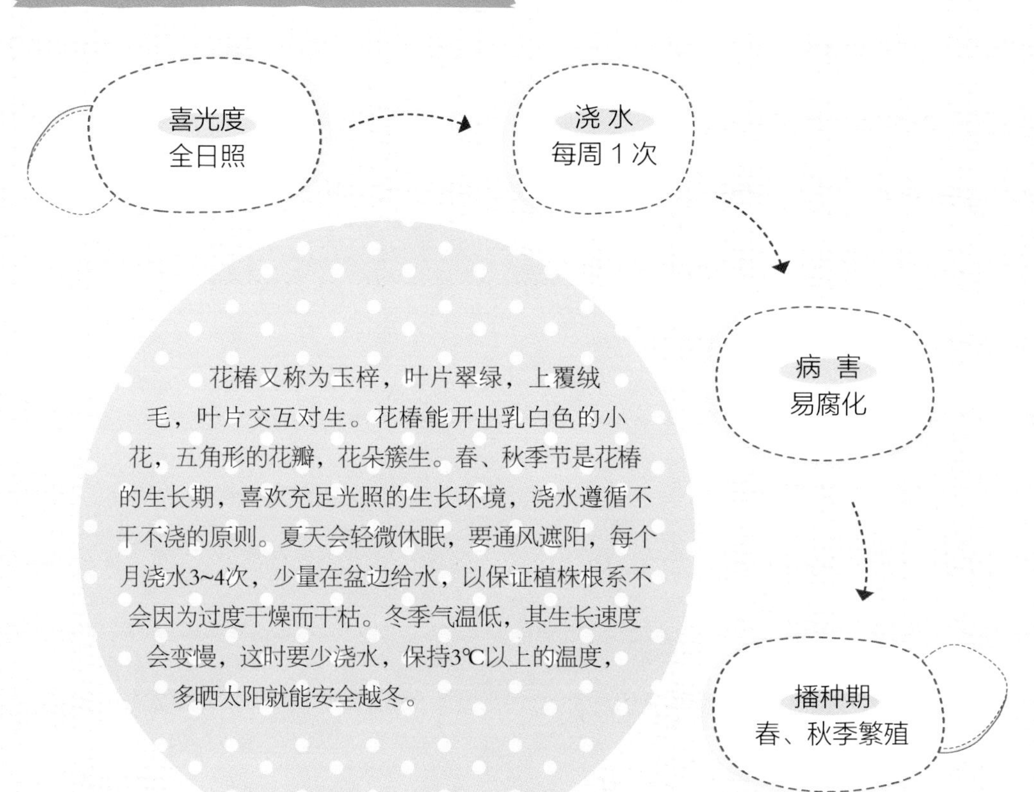

花椿又称为玉梓，叶片翠绿，上覆绒毛，叶片交互对生。花椿能开出乳白色的小花，五角形的花瓣，花朵簇生。春、秋季节是花椿的生长期，喜欢充足光照的生长环境，浇水遵循不干不浇的原则。夏天会轻微休眠，要通风遮阳，每个月浇水3~4次，少量在盆边给水，以保证植株根系不会因为过度干燥而干枯。冬季气温低，其生长速度会变慢，这时要少浇水，保持3℃以上的温度，多晒太阳就能安全越冬。

养肉小贴士：如何繁殖花椿？

花椿的繁殖方法有播种、分株和砍头 3 种。一般用砍头法繁衍扦插，剩下部分会萌生蘖芽，注意要让砍头后的花椿的切口晾干，再插入土中繁殖。播种最好在春天进行，可以得到大批的小苗，比较适合大棚养殖。

吉普赛人

景天科
拟石莲花属

生长速度：一般
繁殖难度：较容易
三角形的叶片紧密交互生长，不仅可以点缀家居、活跃气氛，清新的颜色还能给人带来清爽自然的感觉。

吉普赛人的养护表

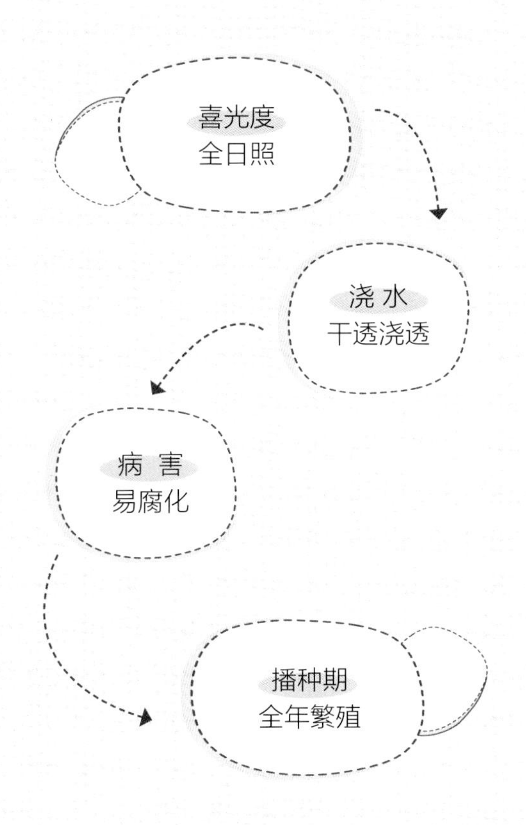

吉普赛人叶片较短，呈现三角形状，叶面带白粉。其喜欢温暖、干燥及充足日照的生长环境，对土壤的要求不是很严格，耐干旱，不耐寒。夏季气温升高，当温度高到35℃左右的时候就要给其适当遮阴、通风。冬季室外气温明显下降，要将其移至室内光照较强的地方继续养护，室内的温度要控制在10℃左右，才能保证其安全越冬。浇水的时候注意要遵循“不干不浇，浇则浇透”的原则，冬季更要控制浇水量。生长季节要注意将花盆置于通风、透光的地方。

养肉小贴士：如何繁殖吉普赛人？

扦插是繁殖吉普赛人的主要方式。叶插可选择一片完整稍硬且饱满的叶片，自然风干处理伤口后，便可以插于盆土中，用手轻轻按压入土表即可，保持土表潮润，放于阴凉通风处养护，大约在几周的时间中便会生出新根须。繁殖的时间以春、秋季最佳。

学会用器皿打扮多肉

器皿是多肉最温馨的家，挑对了器皿，不仅有助于多肉的健康成长，还能与其相互搭配，打造成为一个赏心悦目的艺术品。

石头花器

石头花器是选取天然的整块鹅卵石开凿掏空内部，让鹅卵石呈花盆状，这种纯天然的花器给人一种古朴自然的感觉，完全纯天然的石头让人感觉每个石头花器都是独一无二的。

木质火车花器

木质火车花器采用经过特殊处理的防腐化木质，加上栩栩如生的火车造型，仿佛一款带着童年记忆的老式玩具，勾起无限回忆。

树桩花器

同样采用防腐化木质作为花器的原料，但是保留了树桩原本的样貌，更有亲近自然的感觉。在树桩上种植的多肉植物，仿佛原本就在此生长，一点也不突兀。

几何玻璃花器

几何玻璃花器的造型棱角分明，简单而且独具个性，适合摆放在现代感风格的居室中。360 度全方位可透视的效果，让多肉各个角度的魅力展露无疑。

蛋壳花器

蛋壳花器是最易DIY的花器，原料几乎随处可得，也没有什么成本。蛋壳花器非常小巧可爱，用于种植小型的多肉植物非常合适。

洒水壶花器

洒水壶是种植植物的必备小工具，用它来作为植物的花器，亲切又独具创意。明艳的鲜黄色十分夺目，让花器和植物更多几分生气。

布丁瓶花器

吃完布丁的布丁瓶不用扔掉，它可是自制花器的不错选择。可以在布丁瓶中种植体型偏小的多肉，作为微型景观来种植。也可以将土壤填到接近瓶口的位置，再种植较大颗的多肉。

灯泡花器

灯泡花器以灯泡的造型来引人注目，全透明的特性让花器里的植物展露无疑，可以及时观察植物的状态并尽情欣赏植物带来的浓浓绿意。

Chapter 5

多肉组合
利用多肉玩转各类造型

多肉不同于娇艳的花朵，就算去掉根部它也能维持十足的生命展现力。此外，它们有着百搭的外表，无论是搭配相框或者书本，都能有非常美观的造型。想让自己的礼物与众不同，就用身边的多肉来将其改造吧。

花艺师教你玩转多肉组合造型

周舟，一位颇有品味的花艺师，擅长制作各类多肉礼盒以及花束，与一群热爱植物的好姐妹一起经营着一家有爱的“蜜月花店”。多年的经验，让她在多肉组合造型中有着独特的见解，下面将分享给大家简单又漂亮的多肉造型制作方法。

如何挑选适合做创意造型的多肉

小工具：小剪刀、刷子、气吹、镊子、棉花

根茎长度中等、颜色变化丰富的多肉。

可以挑选类似紫弦月这种藤蔓状的多肉作为点缀装饰用。

分枝很多、枝繁叶茂的多肉可以制作更多的创意造型。

颜色鲜艳、状态饱满的老桩多肉能够成为你创意造型的主体。

轻松去除多肉根部

小工具：园艺小铲、小剪刀、刷子、气吹

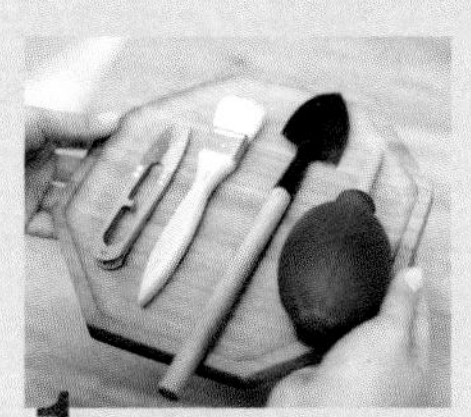

1 将所有的工具都准备好，摆放在一边。

2 用小铲子松动多肉培土，将其与盆分离。

3 抖掉多余的根部土壤，大致留下根部。

4 用剪刀将带土的根部剪掉，用小刷子和气吹清理好多余的尘土。

给多肉洗个干净澡

小工具：小剪刀、刷子、气吹、镊子、棉花

1 用剪刀将带有泥土的根系都修剪掉。

2 借助小刷子将多肉叶片的泥土刷掉。

3 再用气吹将表面粉尘和沙粒吹掉。

4 用镊子夹住棉花擦拭掉多肉缝隙的脏污。

如何分离分叉的多肉

小工具：园艺小铲、小剪刀

1 用小铲子松动多肉培土，将其与盆分离。

2 先剪掉多肉的根系部分，去掉泥土等杂质。

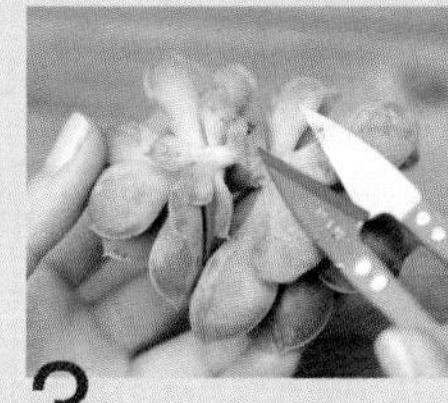

3 将多肉翻转，找到它们分叉的节点。

4 用剪刀从节点位置将多肉分离开来。

多肉胸花 绿得最“贴心”

只要给多肉一些创意，它会带来无限的可能，最“贴心”的胸花不止是鲜花才能打造，可爱的多肉也能做出属于它们风格的优雅质感。

细节解说

1 以粉嫩的多肉为主体，让胸花有重点。

2 加入黄、绿麦穗让胸花朴实而有质感。

3 以麻绳缠绕，搭配珍珠胸针让胸花更服帖于衣服。

多肉胸花的制作步骤

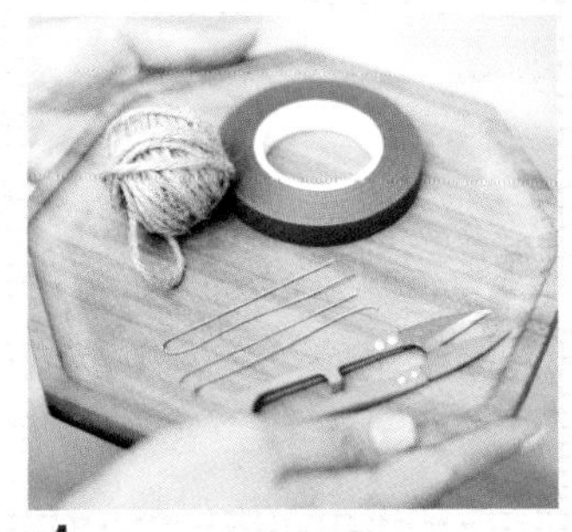

1 准备好胶布、麻绳、细铁丝、剪刀等制作工具。

2 可以事先挑选几样花草用于搭配多肉胸花。

3 将铁丝做成“U”形，扣住清理干净的多肉根茎。

4 用手指将扣好的铁丝旋转成条状，接根茎较长的多肉。

5 用相同的方法接上其他根茎较短的多肉，让它们在制作胸花时好固定。

6 选择茎长的花苞，用胶布将其与多肉缠绕在一起，方便固定。

7 将所有胸花材料用胶布缠绕好后，借助麻绳装饰胸花。

8 选择珠针从多肉的右下方穿入胸花的把柄。

9 让珠针在多肉把柄处形成一个“X”的形状，方便胸花的佩戴以及稳固。

多肉手环 腕间的精灵

让厚实可爱的多肉装饰在手环上，给平淡无奇的手环注入了生命。它们仿佛跃上腕间的可爱精灵，让手腕更纤细、白皙。

细节解说

1 在多肉中加入粉色的花朵，是整个手环的亮点。

2 白色的植物叶片穿插在各色植物中，调亮整体的色彩搭配。

3 以麻绳缠绕手环，遮挡细铁丝，并美化整体效果。

多肉手环的制作步骤

1 准备好麻绳、细铁丝、多肉、鲜花等材料，用麻绳将手环表面缠绕包裹起来。

2 将提醒较大的植物用细铁丝固定在麻绳手环上。

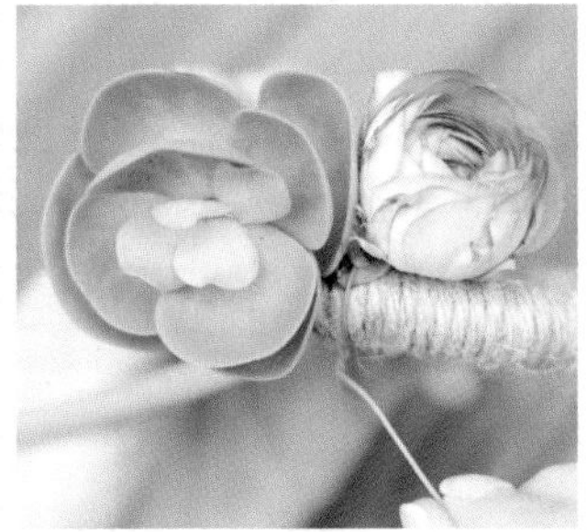

3 用细铁丝将花朵缠绕上手环，并注意植物间的搭配。

4 加入体型较小的多肉植物，用细铁丝固定好。

5 选择一片适当大小的叶片，再用剪刀剪下。

6 将叶片穿插在各植物间的缝隙中，并用细铁丝固定好。

7 加入有黄色花苞的长条植物，作为点缀。

8 调整各个植物直接的位置，让它们更紧凑、协调。

9 用麻绳将手环缠绕一圈，特别要将植物的茎杆和细铁丝遮好。

多肉花束 交换笑容的伴手礼

摒弃毫无创意的鲜花花束，让多肉成为花束的主角，没有过多的矫情，更带有贴近自然的清新之感。

细节解说

1 挑选一棵体型较大的多肉植物，作为花束的主题。

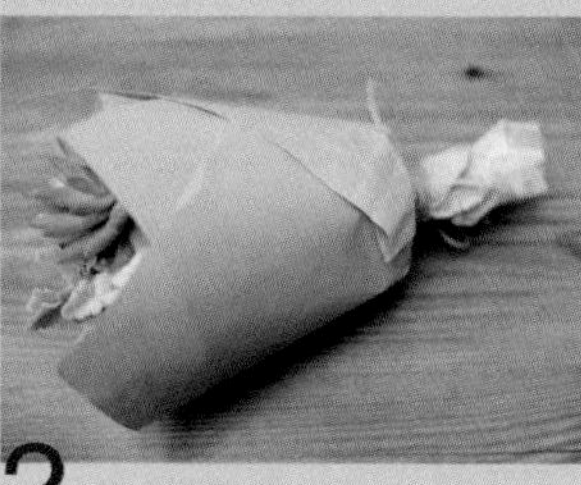

2 花束外面用精选的牛皮包装纸包裹，十分淳朴、自然。

3 挑选颜色较鲜艳的花朵点缀其中，表现出小清新的感觉。

多肉花束的制作步骤

1 准备好需要的鲜花及多肉，挑选颜色较清新的花朵来组合。

2 茎杆较短的多肉可以用枝干来加长，并用铁丝缠绕将其固定。

3 将铁丝缠绕在多肉的枝干上将其加长，更便于之后扎花束。

4 先挑选出花束的主题，一般选择较大的多肉及鲜花。

5 在之前的基础上加上更多的多肉及鲜花，注重相互间的色彩搭配。

6 用细铁丝将各类多肉和鲜花缠绕在一起，固定它们的位置。

7 用细铁丝从上到下一直缠绕植物的枝干，直到牢固为止。

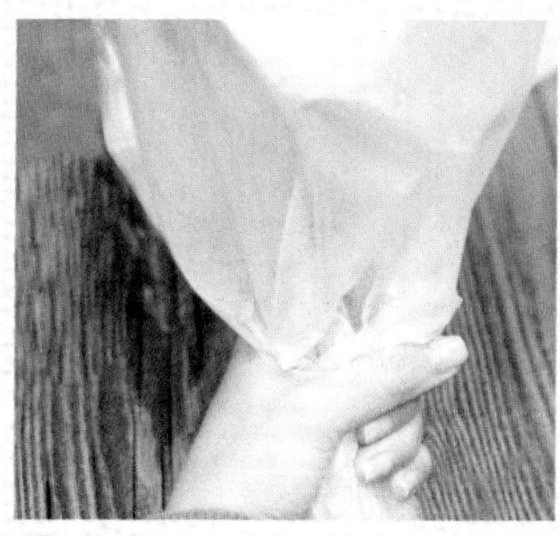

8 在花束外套上一层白色的薄纸，将植物枝干包裹起来。

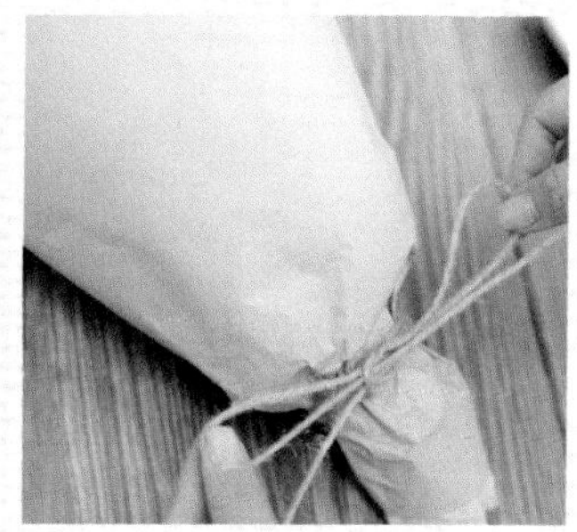

9 在花束的最外层套上一层牛皮包装纸，并用麻绳扎上蝴蝶结。

多肉花环 帮你开门迎客

多肉种在花盆里不仅能够装点家居，为迎客的门口加上多肉花环装饰，还能凸显家庭气质以及主人热情好客的风格。

细节解说

1 松果的加入让多肉花环多了几分俏皮可爱的气质。

2 红浆果能够改善松枝色彩的深沉效果。

3 多肉鸟巢让多肉花环更温馨可爱，也能让多肉生长更健康。

多肉花环的制作步骤

1 准备好鸟巢小模具，将浸湿的棉花垫底防止培土漏出。

2 用小铲子将多肉的培土装入鸟巢里，大约八分满。

3 将处理好的多肉主体先放入鸟巢，并种植好。

4 再将其他多肉依次放入鸟巢里，用镊子将它们的根固定好。

5 将树枝慢慢地织成一个环状，再用剪刀修剪到岔开的树枝。

6 先将松枝从多肉花环底部摆放好，并用小铁丝固定。

7 另一边松枝也用相同的方法固定好它的位置，形成对称图案。

8 用细铁丝从多肉鸟巢底部穿过，并固定于花环底部的中点。

9 最后用红浆果装点多肉花环的空白部位即可。

多肉花盒 打造别致趣礼

挑选什么样的礼物经常让很多人犯难，如何能既表达心意又显得别具一格呢？用多肉打造的花盒就是不错的选择。

细节解说

1 土壤最上层是一层彩石，达到固定植物、通风透气、为盆栽增色的效果。

2 选择一棵较大的多肉植物作为盆栽组合的主题，小多肉分布在周围。

3 取一棵较小的多肉贴在花盒的盖子上，用麻绳作蝴蝶结，使花盒更显精致。

多肉花盒的制作步骤

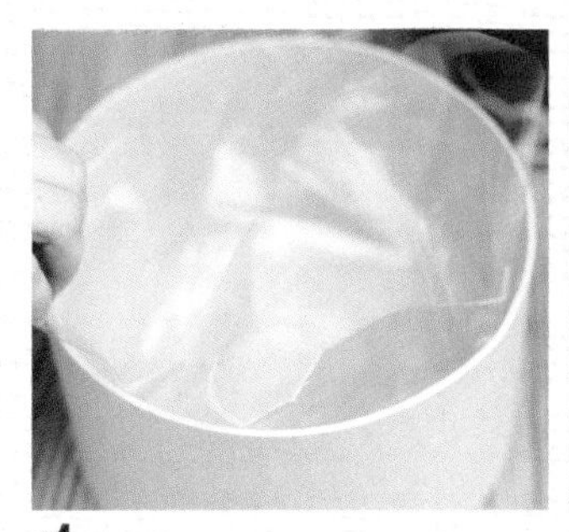

1 挑选一个大小适中的花盒，在花盒里铺上一层透明的薄膜。

2 在花盒里加入介质，下层一般选择颗粒较大的介质，保证通风透气。

3 用小铲子再加入适量的土壤，并把土壤铺开弄均匀。

4 用剪刀将高出花盒边缘的透明薄膜剪掉，沿着花盒边缘剪平。

5 将最大的多肉先种入花盒中，用镊子固定好多肉的根部。

6 用镊子将其余的多肉植物一棵一棵地种入花盒中，注意之间的搭配。

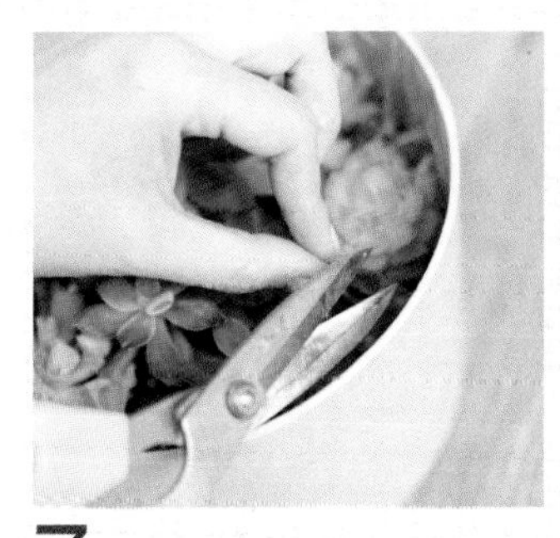

7 待多肉种植完毕后，看是否还有高出花盒边缘的透明薄膜，将其修剪好。

8 在土壤的最上层铺上色彩鲜艳的彩石，用小铲子慢慢加入。

9 最后用气吹将落在多肉植物上的彩石和灰尘吹掉。

多肉相框 桌上的生命

相框不仅可以定格住人们的甜美笑容，还可以装载多肉带来的美丽感觉，在你悉心的养护下，这种美好将无限延续扩散。

细节解说

1 选择形状不同的多肉植物，让多肉组合看起来更具创意。

2 依照相框的大小选择合适的多肉，并注重相互间搭配协调。

3 白色相框让颜色偏深的多肉更突出，也增加了清新感。

多肉相框的制作步骤

1 用杯子装一杯清水，取适量的水苔放入水里浸湿。

2 挑选好制作需要的材料，选择色彩和种类不同的多肉。

3 用镊子取已经弄湿的水苔，并将其放入相框中。

4 将水苔填充满相框，用铲子压紧，并保持相框表面平坦。

5 用镊子取一株植物，插入水苔中，并固定好。

6 用镊子取另一株多肉植物，放在相框的左上角。

7 取一串佛珠穿插在相框约中部的位置，可稍露出相框边缘。

8 用镊子取一株色彩鲜艳的多肉植物，固定在相框的右下角。

9 再用镊子将以小颗多肉固定在佛珠的左边小空隙的地方。

多肉书 开卷即见文艺风

利用书本作为种养多肉的容器，可谓是将旧物换新颜的好创意。多肉从书本中冒出俏皮可爱的脑袋，似乎都带上了浓浓的书卷味。

细节解说

1 选择一本厚度合适的书本，方便剪切和种植多肉。英文书更显潮范儿。

2 色彩鲜艳的红色多肉无疑是多肉组合中的点睛之笔。

3 多肉间的排列尽量紧凑，还可适量延伸到容器部分之外。

多肉书的制作步骤

1 挑选一本合适的书，用美工刀在书中挖一个正方体形的凹槽，切面保持平整。

2 在书中的凹槽处铺上透明的薄膜，用铲子往里面加入小石子。

3 用铲子取适量的土壤覆盖在小石子上，土壤表面不超过书面。

4 用剪刀将高出书本边缘的透明薄膜减掉，要保持与书面平行。

5 用镊子取一棵多肉植物种入土壤中，并将其固定好。

6 选择一株长条形的多肉植物种在下部，植物可适当超出凹槽边缘。

7 用镊子取形态各异的各种多肉植物，陆续栽种进土壤里。

8 不宜都为绿色植物，可以选一棵色彩较鲜艳的多肉来点缀。

9 用铲子取少量的小石子铺在土壤表层，固定多肉并保证通风即可。

多肉杯 将春天一饮而尽

杯子不仅能装下美味的饮品，也可以迎来娇小多肉的入住。如果家里有闲置的杯子，不妨自己动手做一款关于春天的“饮品”。

细节解说

1 选择宽口的杯子，可以让多肉在杯中形成精致小景观。

2 大小搭配的多肉植物，能让多肉杯看起来错落有致。

3 挑选三种不同颜色的多肉，让杯中色彩更丰富。

多肉杯的种植步骤

1 将多肉培土以及种植工具和杯子都准备好。

2 先将鹿沼土在杯底铺垫一层，让多肉根部呼吸更顺畅。

3 再加入多肉培土，并用铲子将土面铺平。

4 把处理好的小球松种入铺好土壤的杯子中。

5 再放入处理好的白牡丹，用镊子固定好它的根部。

6 最后种比较小的多肉，点缀多肉杯的留空部位。

7 种好三棵多肉后，用镊子稍微将多肉固定于泥土中。

8 用小铲子在多肉培土上铺一层鹿沼土，既美观又能储存水分。

9 最后用气吹将多肉表面的粉尘清理干净即可。

多肉卡片花 承载满满心意

黑色的卡片在多肉的点缀下充满活力，一张普通的卡片也因可爱的多肉注入了鲜活的生命，传达给对方满满的心意。

细节解说

1 在植物上再加一个蝴蝶结，让构图更完整，卡片更可爱。

2 植物选择以绿色多肉作为基调，穿插紫红小花作为点缀。

3 灰黑色的卡片显得更有个性，更能突出植物的色彩与活力。

多肉卡片花的制作步骤

1 将制作所需要的卡片、多肉植物、麻绳等材料准备好。

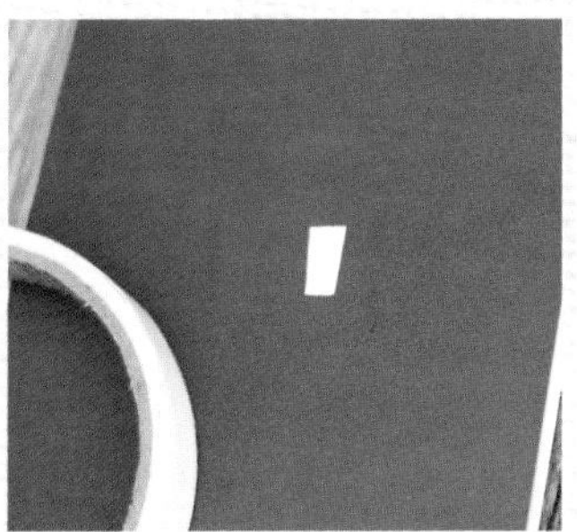

2 用双面胶在卡片约正中央的地方固定出位置。

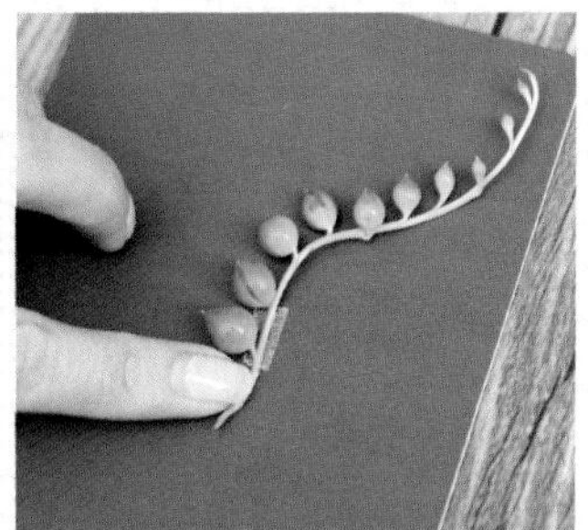

3 撕掉双面胶，选择一条曲线优美的条形多肉贴上。

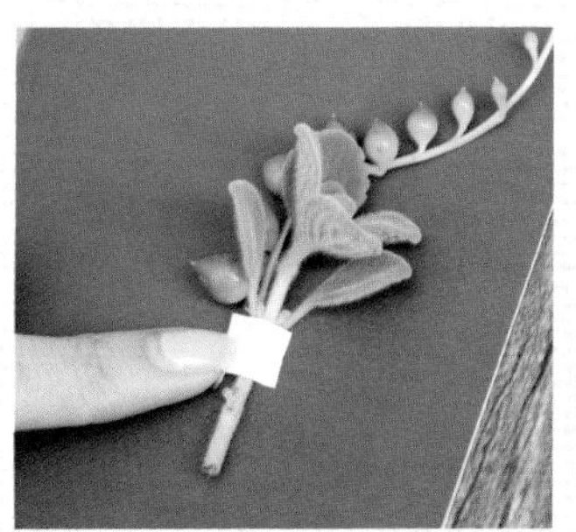

4 再贴上一棵薄叶片的多肉植物后，在它茎部贴上双面胶。

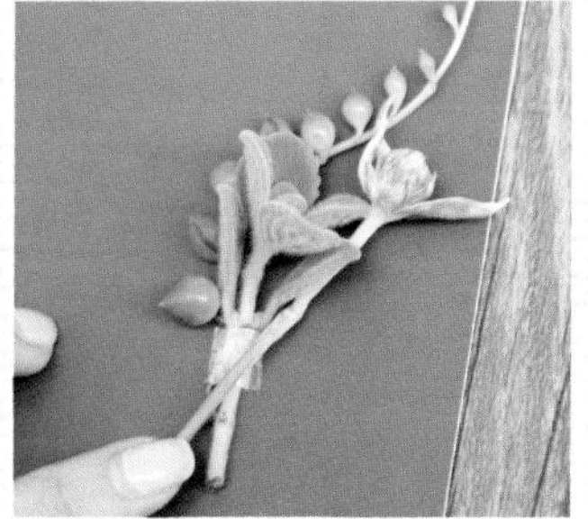

5 在卡片的右边部分贴上一朵紫红色的小花作为点缀。

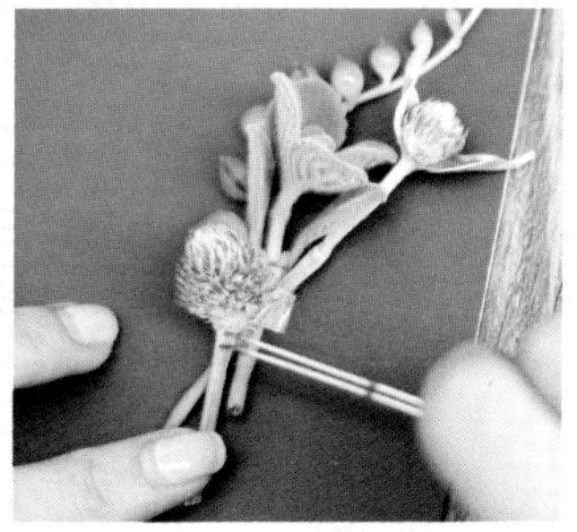

6 再将一朵紫红色的小花贴在植物的茎杆交叉处，可作遮挡。

7 用双面胶将最后的植物固定好，并用镊子稍稍调整位置。

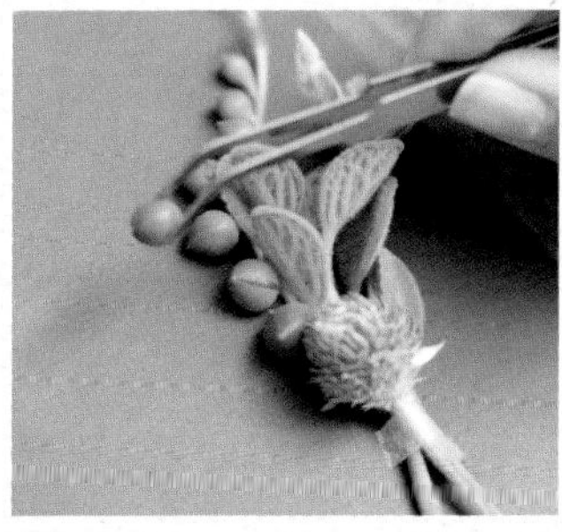

8 如果觉得卡片上还留空的地方显得单调，还可以继续装饰。

9 用麻绳扎一个小巧可爱蝴蝶结，贴在植物的最上方即可。

Q&A 多肉组合造型疑问大解析

多肉组合造型有哪些奥秘之处？多肉组合 DIY 还有哪些重点和难点？资深花艺师周舟一一为你解答。只要充分发挥创意，你还能玩转更多的多肉组合造型。

Q1 什么多肉最适合制作多肉花束？

A：考虑到多肉花束的长度问题，最好优先选择根茎比较长的多肉。但市面上大多老桩多肉都比较贵，所以可以采用铁丝增长的方法，人为增加多肉的“身高”，让它们能更好地固定在花束中。此外，也要考虑多肉的颜色，尽量多挑选颜色不同的多肉品种，这样组合才更好看。

Q2 如何延长无根多肉组合造型的使用期限？

A：很多造型都需要多肉去根或是无土的状态，在组合之前可以将去根的多肉伤口稍作清理，将冲洗多肉的水分擦拭干净，并且放在阴凉通风的地方晾干，这样能够防止多肉腐烂以及减缓它的损耗程度，一般多肉伴手礼都可以保存至少一周甚至更长时间。

Q3 延续多肉生命的创新礼盒包装法是什么？

A：一般鲜花礼盒都是用花泥来维持花期，而多肉可以选择培育土。种植多肉礼盒时，和其他换盆多肉一样，处理好根部并为泥土消毒，这样才能保证你亲手制作的多肉礼盒健康，也会让收到礼物的人能够更轻松地养护它们。

Q4 制作需要种植的多肉组合时需要注意什么？

A：在制作多肉相框、多肉花环等组合造型时，首先要考虑多肉的生活习性。要挑选生活习性大致相同的多肉，才更有利于日后的打理和养护。此外，也要考虑多肉的颜色搭配以及高低搭配等小细节。

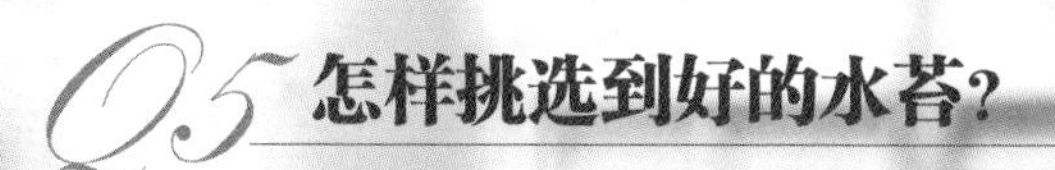

Q5 怎样挑选到好的水苔？

A: 水苔比泥土干净易打理，也有一定的养料，是很多多肉创意造型的首选介质。以新西兰、智利进口的水苔品质最佳，不仅干净毫无杂质，水苔的完整度也很高，不易腐烂且非常耐用。

Q6 缺水的多肉花环如何给水？

A: 多肉花环十分精致，它虽然制作简单，但后期的养护方式却很少有人知道。多肉一旦缺水，其叶片就会有些许“小皱纹”，当很多多肉出现这种状况时就说明多肉花环缺水了。此时不要用喷洒的方式给水，这样会造成多肉腐化或者叶片灼伤等伤害。应该采用将多肉花环整体浸泡的方式，让水苔充分吸收水分，大致每个月浸泡 1 次即可。

Chapter 6

多肉诊所
为多肉的健康保驾护航

当家里的多肉越来越多时，它们也有可能会遭遇一些病虫害，我们不仅需要精心地照料它们，还需要学会看一些多肉生病的状态，了解一些防治病虫害的方法，为多肉的健康保驾护航！

多肉的常见病虫害防治

娇小可爱的多肉虽然没有你想象中那般柔弱，但是如果没有好好照顾，一不小心它们也会生病。为了更好地呵护它们，以下就让多肉达人兔子君为大家讲解多肉的常见病和防治方法。

茎枯茎腐病

【病状】茎枯茎腐病主要发生在近地茎部，也见于上部茎节。多肉植物患病初期，病部会出现水浸状黄绿色或黄褐色的斑块，植物逐渐软腐，患病后期只剩干枯的外皮及残留芯轴。多肉植物腐烂的速度快慢随不同病菌种类而异。

【防治方法】多肉植物上盆时，要用经过消毒的培养土。在发病初期，发现植物上有病斑时应立即挖除，并将病斑周围的健康组织也挖掉一部分，然后涂上硫磺粉或草木灰，晒干伤口，这样有利于其伤口的愈合。如果腐烂的面积较大，可将健康的部分切下来扦插或嫁接，把患病部分去掉，并喷淋 20% 的甲基立枯磷乳油 1200 倍液。

生理性病害

【病状】由于栽种环境恶劣，如强光暴晒、光线严重不足、突发性低温和长期缺水等情况，造成多肉植物叶片表面和茎部发生灼伤、褐化、徒长、冻伤、萎缩等情况。

【防治方法】根据具体栽培环境的情况，对症下药，改善栽培的条件，从而改善多肉植物的患病情况。

灰疽病

【病状】灰疽病的病状为在茎节或茎球上出现圆形或近圆形的病斑，直径为 4~8 毫米，浅褐色至灰白色，上面生有小黑点，排列呈现轮纹状，潮湿的时候会出现橘红色黏质孢子团。病斑周围常常有褪绿晕圈，随着病情的发展，整体呈浅褐色腐烂。

【防治方法】当发现多肉植物上有病斑的时候要立即挖除，然后在伤口上涂木炭粉或草木灰，有利于伤口的愈合。定期向多肉植物喷洒杀菌剂，以预防病虫害的发生。

软腐病

【病状】软腐病的初期病状为出现水浸状病斑，逐渐变色软腐，流出褐色黏液，并带有臭味。该病主要借雨水、灌溉水和地下害虫传播，在植物生长季节容易染病，病菌可以在病株残体上越冬。

【防治方法】注意换土和土壤的消毒，保持通风和确保多肉植物基部的干燥。不用带菌的茎作为繁殖材料。当发现病株时要及时将其烧毁，并用 20% 的石灰乳消毒土壤。发病初期向植株基部喷洒 1:1:100 的波尔多液或 4000 倍农用链霉素，每隔半个月 1 次，连喷 2~3 次即可。

煤污病

【病状】患有煤污病的多肉植物，其叶片会突然发黑，并覆盖了一层黑色的霉菌。随着病情的发展，可能导致整个多肉植物发黑甚至腐烂。

【防治方法】当发现多肉植物患上煤污病时，要及时摘除病叶，并加强植物生长环境的通风性。同时可以给多肉植物喷洒一些杀菌剂，做好防虫工作。

霉菌感染

【病状】当多肉植物受到霉菌感染时，会发生掉叶的情况，它的茎或者叶片根部会发黑，即使有些尚未发黑，但是轻轻一碰，叶片就会大量掉落。所以当发现多肉植物莫名其妙地掉叶，就可能是发生被霉菌感染的情况。

【防治方法】发生霉菌感染通常是由于多肉植物的生长环境通风不足，或是对其浇水过勤。所以防治的方法就是把多肉植物放到具有良好通风性的地方栽培，控制好浇水量，宁干勿湿。

赤霉病

【病状】赤霉病为细菌性病害，是多肉植物的主要病害。这种病害常常威胁具块茎类的多肉植物，从其根部伤口侵入，导致块茎出现赤褐色病斑，几天后便会导致其腐烂死亡。

【防治方法】在种植多肉植物前，用 70% 托布津可湿性粉剂 1000 倍液喷洒预防，待其晾干后再涂敷硫磺粉消毒。

锈病

【病状】锈病会影响多肉植物的外形，在患病初期，植物的表皮会产生水肿状的小点，中央为黄色、赤褐色，并逐渐向周围扩大，宛如给植物穿上了铁锈色的外衣。

【防治方法】加强多肉植物种植环境的通风性，植物与植物间要保持一定的间隔，盆土不能过度潮湿。可以定期向多肉植物喷洒杀菌药，起到预防的作用。

阻碍多肉生长的害虫防治方法

多肉相较于其他植物来说，虫害还是比较少的，但是没有好好养护的话，多肉还是会被害虫侵害。让我们一起来认识这些阻碍多肉生长的敌人。

名称	症状表现	防治方法
粉虱	粉虱危害的面积不大，主要发生在大戟科的彩云阁、玉麒麟等灌木状的多肉植物上。其在叶背刺吸汁液，造成叶片发黄、脱落，同时诱发煤污病，导致植物茎叶上产生大片难看的黑粉，直接影响多肉植物的观赏性。	改善多肉植物生长环境的通风性，并在发生虫害初期用40%氧化乐果乳油1000~2000倍液喷杀，喷药2天后，再用强力水流将死虫连同黑粉一起冲刷掉。
毛毛虫	毛毛虫对多肉植物的危害较大，而且不易对付。它会啃食叶片，并从多肉植物最嫩的部分开始啃食，然后随其身体的长大，啃食的部分也越来越多，直至全部吃光。	平时注意观察多肉植物的叶片上是否粘有虫卵，如果有要及时清理掉。蝴蝶有时会反复在同一个地方产卵，而且产卵的数量不小，所以即使是清理之后，第2天也要留意观察是否又出现了新的虫卵。
蚜虫	蚜虫是一种常见的害虫，在一般的月季、玫瑰等常见植物中会看到。蚜虫繁殖的速度非常快，破坏能力也很强，几天就可以把植物的枝干吸食干枯，破坏茎干部分，并将虫害向周围扩散。	对付蚜虫的方法也不难，如果蚜虫的数量不是很多时，直接用手或毛刷清理掉即可。如果蚜虫的数量较多，可以将多肉植物放到水流下冲洗，也可以使用药物将其灭杀。

名称	症状表现	防治方法
红蜘蛛	红蜘蛛主要危害萝藦科、大戟科、菊科和百合科的多肉植物。它们以口器吮吸幼嫩茎叶的枝叶，导致被害叶片出现黄褐色斑痕或枯黄脱落。平时可以看看叶片的背面是否有蜘蛛网，或是有很小的红色、白色或暗色的虫子，这些通常就是红蜘蛛。	可以加大多肉植物生长环境的湿度，减少蔓延，并使用40%三氯杀螨醇1000~1500倍液喷杀。
介壳虫	介壳虫会危害到龙舌兰属、十二卷属等多肉植物，它们吸食茎叶汁液，导致植株生长不良，甚至枯萎死亡。介壳虫常常在早春季节就已大量繁殖，危害面积广。但是其危害的地方也较易于控制，因为其往往只集中在少数植株上。	当介壳虫数量较少时，直接用毛刷驱除即可。此外，还可以用速扑杀800~1000倍液喷杀。在培养土中混进一定含量的呋喃丹也有预防作用。
根粉介壳虫	根粉介壳虫只出现在土壤中，它们会粘附在多肉植物的根系上，很少钻出土壤表面。当根粉介壳虫的数量越来越多时，才会在土表看到它们，此时说明其数量已经不少，而且随着发展会布满整个花盆。浇水的时候，其虫卵和幼虫会随着水流从盆底的水孔流出，传染速度很快。	在刚购入多肉植物时，一定要仔细检查清理，换盆时使用全新的土壤。确实发生虫害以后，可以使用喷洒药物的方式来杀死成虫与幼虫。由于药物不能杀死虫卵，虫卵之后又会孵化成幼虫，所以要反复使用药物，直至彻底杀灭它们。

多肉配土和换盆有讲究

土壤是固定多肉、供给其养分的重要介质，多肉的品种不同，需要搭配的土壤也不尽相同。要想养好多肉，先让我们随着多肉达人林楠一起来揭开配土的奥秘吧。

根据场地来配土

地栽和盆栽的土壤肯定是有所不同的。地栽要更多地考虑排水环节，所以要增加有利于排水的材料，如砂砾。而盆栽更着重保证土壤的疏松和透气性，在此之上适当补充有机质。如果是在室外栽植或将盆栽摆放在室外，由于光照充足，通风性好，还要考虑干燥的问题，此时要在土壤中加入保水性强的基质，例如蛭石、椰糠等。

根据地区来配土

中国地域辽阔，每个地方的环境、气候等条件都各具特点，所以在不同地区栽培多肉植物时，也不能千篇一律，应该根据当地的特点来调整土壤的配置。例如北方气候相对干燥，在土壤的保湿方面要有一定的要求；南方雨水充沛，空气湿度高，所以在土壤的排水性和透气性方面要求更高。

根据种类来配土

植物种类的不同，对于生长条件的要求自然也就不同。比如，附生种类需要一定的腐殖质，而一些原产地土壤贫瘠、根系不发达的陆生种类，对腐殖质要求就没有那么高。就连同科但不同属的多肉植物，对于土壤的要求也是不同的。例如，百合科的中国芦荟和卧牛，芦荟属于芦荟属，习性强健，生长快速，可在盆底加上充足的基肥；而卧牛属于鲨鱼掌属植物，生长缓慢，基本不需要基肥。

根据生长阶段来配土

多肉植物的生长是要经过不同阶段的，要根据实际情况来配置土壤。在其幼苗期，根系还不是很发达的时候，土壤中的有机质含量要稍微少一些，土壤以轻质材料配合一些细沙为主，随着植物的慢慢生长，逐渐增加土壤中有机质的含量。

常用的配土材料

材料名称	配土特点
蛭石	蛭石具有良好的阳离子交换性和吸附性，可以作为土壤的改良剂，改善土壤结构，提高土壤的透气性和保水性，并使酸性土壤逐渐变为中性土壤。蛭石还能起到缓冲的作用，阻碍 pH 值迅速变化，使肥料在植物生长介质中缓慢释放，避免因过量使用肥料导致植物受到危害。蛭石还能向植物提供一定的微量元素，帮助植物的生长。
兰石	具有多孔性，孔隙肉眼可见，其具有很强的吸水保水性。因为其外形呈现颗粒状，堆放在一起时，颗粒间有很大的间隙，所以又具有很好的透气性。
椰糠	椰糠是椰子外壳的纤维粉末，是加工后的椰子副产品，非常环保，价格也很便宜。其特点是有良好的通透性和保水性。
泥炭土	泥炭土是多肉植物的土壤配方中不可缺少的一部分，几乎所有配土中都含有泥炭土。它无毒、无菌，有良好的透气性和保水性，可以作为腐殖酸类复合肥料，也可以直接用作有机肥。但是泥炭土产自湿地，是不可再生资源，所以开采泥炭土会破坏生态环境，应尽量避免使用，可以选择椰糠等材料来代替。
煤渣	烧煤的产物，其透气性较好，保水性能一般，总体来说也是效果不错的栽培介质，而且容易取得，几乎没有什么成本。
赤玉土	赤玉土由火山灰堆积而成，是运用得很广泛的一种栽培介质，尤其在日本。它具有很好的通透性，利于储水和排水，其中还含有微量元素，能给植物带来特殊的功效。赤玉土在很多方面会优于其他介质，但是价格会相对昂贵。

这样换盆，多肉成长更健康

1 准备一个花盆。

2 花盆要适合多肉的大小。

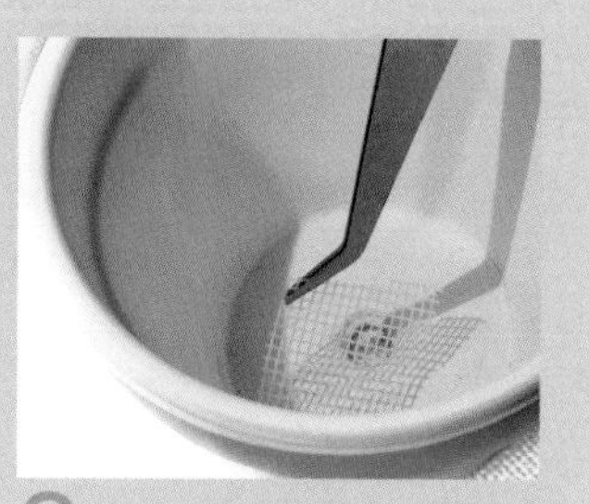

3 用一张垫孔的纱网，覆盖在花盆底部，避免土壤从盆底的小孔中漏出。

4 将多肉植物从原先的小盆中轻轻地掏出来。

5 将掏出的多肉植物放在纸巾上，用小刷子将植物根部刷干净。

6 在花盆里放上垫底的小陶粒，保证通风。

7 在花盆里放上相应混合土，由泥炭土、赤玉土等混合而成。

8 当混合土放到花盆 2/3 的地方，放入多肉，并继续放入土壤，盖住根部。

9 在土壤表面放上缓释肥，大概 7~8 粒即可。

10 放入干净的铺面石。

11 浇入适量水，保持土壤有一定的潮湿度。

12 将换好盆的多肉植物放置在遮阴、通风的地方，放置 4~5 天后再放到室外即可。

TIPS 换盆时间

多肉植物的换盆建议在太阳下山后的傍晚时段进行，此时没有强烈的紫外线照射，即使还有一些紫外线，也是很弱的，就不会对换盆过程中的多肉植物造成威胁。千万不能在阳光强烈的中午及太阳直射下换盆，会有对多肉植物造成灼伤的可能。

多肉的花期和根系养护心得

多肉植物不仅有厚实的叶片，它们还会开出姿态万千、娇小可爱的花朵。开出花朵的多肉植物，更有一种独特之美。多肉植物的根系是维持其生长健康的重要部分，多肉通过根系来汲取水分和养分，没有健康的根系自然也就没有健康的多肉。下面让我们在多肉达人兔子君的指导下，深入了解多肉的花期和根系养护心得。

切忌高温高湿

对于多肉植物来说，最好保持干燥的盆土环境，避免其被雨淋湿或被水浸泡。如果遇到下雨天，要立即将室外的多肉植物移到干燥的地方。遇上闷热无风的天气，最好不要再给多肉植物浇水，宁干勿湿。到了炎热的夏季，注意不要在中午浇水，尽量在清晨或傍晚之后当气温下降了时再浇。

保持适当温度

对于多肉植物来说，温度过高或者过低，都会影响它的生长速度。有的多肉植物在过高或过低的温度环境下，可能直接进入休眠状态，造成生长停滞。所以要保持适当的温度供其生长，当温度过高的时候要做好防晒工作，例如给多肉植物使用防晒网；当温度过低的时候做好保暖工作，或将多肉植物移至室内养护。

防治病虫害

有些多肉植物是靠昆虫授粉来繁殖的，在此同时，昆虫很可能会将虫卵产在多肉花上，如果不注意提前做好防治虫害的工作，到了虫子爆发的季节，多肉植物就会受到虫害的困扰。当发现花茎上有虫子的时候，就应该立即将其剪掉，避免其他健康的部分受到虫害的侵蚀。

选择性剪除花茎

多肉植物开花时会消耗大量的能量，所以可先看看种植的多肉是什么种类，对于不带观赏性的多肉植物，为了减少其能量的耗费，可以减掉花茎；对于番杏科等具有观赏性的多肉花，可以选择将其留下。此外，还要看看多肉植物此时的状态是否健康，如果植物本身状态就不好，开花只会雪上加霜，所以应减除花茎。

开花的黑王子

黑王子开花的过程相当慢，大概需要 3 个月的时间，但它在开花的时候会非常惊艳，所有的等待都很值得。开花时，黑王子的花茎会超过 20 厘米长，在花茎的顶部开出一大片红花。由于开花耗费了黑王子的大量营养，所以叶片会比较虚弱，在欣赏美丽花朵的同时，不要忘了对叶片加倍养护。每天要保证给其足够的日照，是最基本的要求。

开花的生石花

生石花在春、秋两季是生长旺盛的时期，到了秋季变凉爽后会开花，根据生石花品种的不同，能从其对生叶的中间缝隙中开出黄、白、粉等颜色的花朵，多在下午开放，傍晚闭合，次日中午后又开，单朵花可以开放 7~10 天左右。开花时，花朵几乎可将整个生石花的植株覆盖住，显得非常娇美。花谢后进入越冬期。

开花的子持莲华

子持莲华开花比较特殊，因为它在开花之后就会死掉。子持莲华属于多肉植物中的瓦松属，这类多肉在开花后都会死掉。所以为了避免子持莲华或者这类瓦松属的多肉植物死亡，在发现其长出花苞的时候就要立即减掉。在剪过之后有些花苞还会继续冒出，所以要不停地观察和减除，防止其开花。

根系的作用

多肉植物根系最基本的作用就是固定植物体，并从土壤中吸收水分和无机盐，为植物供给生长所需的营养，而这些都是通过根系上的根毛完成的。多肉植物的主根发育出的侧根非常多，侧根表面可以直接形成根毛，从而具备吸水功能。

新生的根系

新生的根系一般呈现白色，有的还会带有一些绒毛。这些都是新根的表现，不要误以为是虫子而将其清理掉，或者喷洒药物。待时间长了以后，这些新根会逐渐变成深色，质感也慢慢变硬，逐步向强健的老根迈进，而它防病虫害的能力也会逐步加强。

多年的根系

年份稍久的根系会呈现木质化的外表，所以不要将其误以为是干枯的根系，进而将其清理掉。多年的根系一般都会比较强大有劲，能从土壤中汲取更多的营养来供植物生长。这种根系的吸水能力也非常强，相较于刚养的多肉植物来说，这些老根的植物浇水的频率可以少一些，也不会影响其正常生长。

控制透气

一般来说，透气是为了促进根毛的气体交换，以利于根毛呼吸。因此在种植多肉时，很多人会选择使用透气基质的土壤，以保证根毛能自由呼吸，所以粗颗粒土就被视为种植多肉植物的最佳选择。当然，在不同的栽培环境和气候下，也必须结合具体情况才能获得良好的效果。

保证水分

除了透气以外，如果没有水作为反应介质，透气也就失去了意义，所以要控制透气和保水的平衡，这是养护根系的关键。保水的环节与如何给多肉植物浇水息息相关，不能一味按照每天浇 1 次或每天浇 2 次的规定来浇水，而是要根据具体情况来考虑，要经常观察多肉植物的水土状况，总体上遵循“宁干勿湿”的原则。

讲究配土

在土壤上尽量选择含有纤维状泥炭土和保水介质的土壤，不要使用细小的土，因为这些细小的土会附着在根毛上，从而影响根毛的呼吸，而若去掉这些细小的土以后很容易造成根毛干枯。建议使用透气性好的无粉尘颗粒介质，更有助于排除积水，使根毛充分和气体接触。如果生长环境的湿度较大，就不必担心根毛会出现干枯的情况，而要更注重气体的流通和交换，并加强环境的通风效果。

选对花盆

选择花盆时，要考虑多肉植物的生长习性及生长环境。在通风良好、湿度小的环境下，可以选择透气性稍差的花盆，如塑料盆、陶瓷盆等，这样可以减少水分的蒸发，保持盆土的湿度。在湿度大、闷热的环境下，可以选择透气性较强的花盆，如泥瓦盆、陶盆等，选择这些花盆，可尽量降低多肉植物因水分聚积导致腐烂的几率。

TIPS 如何让多肉植物发根快？

多肉植物发根与以下几个因素有关：适合的空气湿度、适合的激素水平、适当的光照、适合的组织和良好的伤口愈合。其中介质的湿度对于多肉植物发根作用不大，若介质太多反而会影响空气的流通，所以确保周围环境中的空气湿度比较重要。根系萌发需要植物体内的激素，若激素水平较低，就需另外补充。

多肉植物的变色基准

多肉植物有一项特殊技能，就是变色。而多肉的颜色变得好不好看，取决于外界因素的影响，明白了如何掌控这些因素，就能让多肉看起来更加漂亮。

影响多肉变色的主要因素

光照

多肉植物喜欢在阳光充足的环境下生长，一个是其生长的需求，另一个是充足的光照能使多肉植物的外表变得更漂亮。可以通过一个简单的方法看出光照对于多肉植物变色的影响力。只要将长期种植在室内的多肉植物放到室外的阳台上接受充足阳光的照射，不需太多时间就能看出其颜色的变化。

每个季节的光照程度也是不同的，通常来说，光照最强的季节是秋季。由于秋季的大气浓度降低，空气中的能见度增强，所以自然的光照也就随之增强，此时的紫外线强度会达到全年的最高峰。秋季是多肉植物变色的最佳季节，可以通过一些技巧来调整多肉植物的变色程度，例如其放置的地点，可选择在室外、棚内或适当遮挡；还有装多肉植物的容器，其厚薄、材质等方面的不同，都会影响紫外线的强度。

当光照增多的时候，多肉植物的颜色变化也是不同的，例如火祭是变成红色，黄丽是变成黄色，黑王子是变成黑色等。

温度

在炎热的夏季，阳光充足，能使多肉植物的颜色变得更亮丽。当到了寒冷的冬季，温度逐渐下降，这种低温环境能使多肉植物的颜色逐渐加深，有的甚至会变黑。多肉植物内部的叶绿素不耐低温，所以当遇到低温时，叶绿素越来越少，并形成花青素。花青素比叶绿素能更好地吸收阳光中的紫外线，为植物提供能量，起到御寒作用。所以多肉植物在低温时变色，完全是其自我保护的反应。

如果多肉植物一直都在恒温的环境下生长，其变色的速度就会明显减慢，而且大多都是呈现绿色，不会有太多红色、黄色等绚丽的外表颜色。但是只要给其足够的光照或调整温度，就能令其变色。

TIPS 人工光照可以让多肉颜色更美

多肉植物的生长需要充足的光照，在没有太阳光照射的情况下，可以通过提供人工光照的方法来弥补。在选用生长灯的时候，要选用功率足够的灯，不然不易看出效果。但是在条件允许的情况下，还是自然的太阳光照最好。

多肉植物变色的原因

多肉植物的内部都含有一定的色素，当它受到外界因素的影响时，会使植物内部的色素发生化学反应，从而改变内部色素的比例，达到变色的效果。就算是同一款多肉品种，其变色的程度也各不相同，这也可以看出外界因素的重要性及影响力。当多肉植物受到外界因素影响的程度不同时，其变色的程度也是不同的，所以就呈现出深浅不一、色彩斑斓的景象。这是多么神奇的技能，多肉植物利用大自然常见的力量，改变着自身的色彩，也让我们看到更美丽的自然景象。

影响多肉植物变色的主要因素是光照和温度。光照是改变多肉颜色最常见及最有效的方法。多肉植物的颜色是其内部色素的外在表现，就如同叶绿素让叶子外表呈现出绿色。温度也是大自然中常见的影响多肉植物生长的因素，当温度变化时，多肉植物的生长会呈现出不同状态，其颜色也会产生不同的表现。

除此之外，影响多肉植物变色的因素还有很多，例如气候和季节的变化会引起多肉植物内部色素的比例变化；多肉植物在原生地生长时，为了防止被动物吃掉，会尽量贴近自然环境的颜色变化，这是一种本能的防御措施；还有当多肉植物受到病虫害的侵蚀时，也会发生变色；或者在种植多肉植物时，对其施肥、喷药等也可能引起其变色。